SUPERCONDUCTORS

應用超導體

岩田 章
沈俊傑 譯

從電磁推進船到超導車

瑞昇文化

本書日文初版一刷發行為1991年

前言

前陣子我在電視上看到東西德統一典禮，想到歐盟各國預計在一九九二年打造經濟共同體，便強烈體會到二十一世紀的序曲已經正式奏響。以歐洲為中心，國際舞台上的政治、經濟面向，都已朝著嶄新的二十一世紀加快了腳步。

那麼科學界跨出了哪些邁向新世紀的步伐？光技術、生物技術、超導體技術、宇宙開發、海洋開發，這些都是浮現在我腦海的關鍵字。我們幾乎已能窺見這些領域不久後開花結果的模樣。本書從眾多關鍵字中挑出能為這個電力社會帶來革命的超導體技術，探討其應用上的夢想。

荷蘭物理學家歐尼斯（Heike Kamerlingh Onnes，一八五三～一九二六）早在一九一一年便發現超導體，但一九六〇年代以前科學家僅將此視為特殊物理學現象，遲至一九七〇年代才開始產生興趣並研究特定領域的應用，對社會也沒造成什麼影響。直到一九八六年，瑞士物理學家班道茲（Georg Bednorz）等人發現了高溫超導體，加上之後突飛猛進的研究開發成果，人們才看見超導體技術走入日常生活的可能。開發步調順利的話，等到超導體發現一百週年的二〇一一年時，超導體發展如日中天的情景也不是癡人說夢。我懷著滿心期待，念著主導二十一世紀超導時代的年輕人，將超導體的種種集結成本書。

本書主要內容包含：①超導體應用的基礎知識、②以超導電磁推進船為例介紹超導體應用的研究現況、③超導體應用的未來展望。至於書寫風格上則採邊實驗邊講解的方式，因為我認為這樣較有助於一般年輕朋友用直覺理解超導體的種種，加上我本身也是實驗物理學家，這種書寫方式更容易如實傳遞我的體驗。雖然這樣難免導致說明內容有欠精準，且有過度偏限超導體應用範圍之虞，不過我深信「以小見大」的道理，所以請各位讀者先盡力理解本書的內容，未來「見大」的部分或可再查閱本書最後註記的相關書籍。

超導現象屬於一種電磁現象，因此為了探索應用手段，必須掌握電磁學基礎知識。電磁學的開山始祖是英國自然科學家法拉第（一七九一～一八六七），他不僅建立了馬達與發電機的原理，也奠定了目前對超導體來說不可或缺的冷凍技術基礎，還發現對超導船應用意義重大的海水電解定律。這些研究成果皆來自實驗研究，他骨子裡就是名實驗科學家。而法拉第也對青少年科學教育充滿熱忱，將近四十年的時間，他每年聖誕節都會舉辦深入淺出的科學實驗講座。其演講內容之一《蠟燭的化學史》（The Chemical history of a candle）甚至還成書付梓。那本書我翻閱過數遍，也對我撰寫本書帶來莫大啟發。因此本書論內容、論架構，皆有很大部分承襲了法拉第大師的智慧。

以上即是本書的特色。若能多少幫助年輕人理解超導體，協助創造二十一世紀豐饒且便利的超導社會，那也是我最樂見的事了。

承蒙神戶商船大學名譽教授佐治吉郎先生予我撰書的契機，並不吝協助檢查原稿、給予建議。有勞講談社科學圖書出版部柳田和哉先生，出版過程給您添了不少麻煩。也由衷感謝內人道子敲著打字機，代我將那龍飛鳳舞的筆記整理成清晰的原稿。

一九九〇年十月　筑波市洞峰

岩田　章

目次

第3章　超導電磁推進船

第4章 超導體應用的現狀與未來展望 171

第1章

超導體的性質

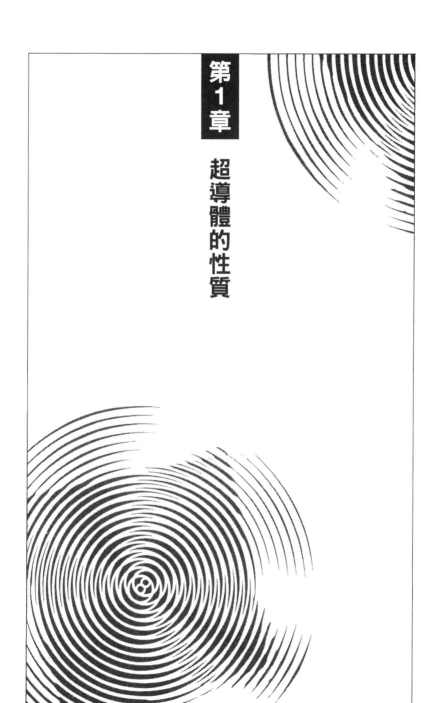

常聽人說：「我知道超導體最大的特徵是零電阻，但不太明瞭這厲害在哪裡。」故本章將列舉超導體的三大特徵，輔以實驗示範，淺談超導體與一般常導體差異何在。

第1話　零電阻有什麼了不起？

這裡有兩條電線。電線截面為長〇・二、寬一毫米的長方形，兩者外觀皆與一般銅線無異。這也是自然，畢竟其中一條就是銅線；銅線質軟易彎，相較之下另一條超導電線則感覺相當堅硬。這條超導電線的主體也是銅，只是內部塞了大量直徑約三十微米（〇・〇三毫米）的鈮鈦合金絲，所以質地偏硬；銅與鈮鈦合金的截面積比約為一。現在我要對兩條電線通少量的電並測量兩端的電壓。首先是銅線，一安培（A）的電流造成了五十毫伏特（mV）的電壓，因此銅線的電阻為50mV÷1A等於五十毫歐姆（mΩ）。至於超導電線的部分，一安培電流造成了一百毫伏特的電壓，故電阻為一百毫歐姆。由此可見，室溫下超導電線的電阻比粗細相同的銅線來得高。

接著我要將兩條電線放入保溫瓶中，並倒入液態氦冷卻（圖1・1）。由於日本幾乎無液態氦資源，所以這些液態氦都是從美國空運過來的。液態氦的沸點為零下二六九度C（絕對溫度四・二K），是地球上自然存在的元素之中沸點最低的一個。不過液態氦一公升僅要價兩千日圓左右，比一瓶不錯的威士忌還要便宜。這種液體蒸發而成的氣體（氦氣）非常輕盈，近年流行的人物造型氣球裡頭就填了氦氣。

我們將液態氦倒入這個金屬容器。由於液態氦比水容易蒸發五〇〇倍，意即給予相同熱量的情況下，液態氦蒸發出來的氦氣量會比水蒸氣多五〇〇倍，因此這個金屬容器設計成類似保溫瓶的雙層構造，中層為真空狀態，並放入一種稱作超級絕緣材（Superinsulation）的特殊隔熱材質。

那我要打開閥門，將液態氦加入保溫瓶冷卻銅線與超導電線了。液態氦無法像水一樣一口氣灌滿容器，必須等到保溫瓶和內容物的溫度充分冷卻後才會開始沉積。這也是實驗中特別費工的步驟之一。好了，看看我如何加入液態氦還有兩條電線的電阻變化吧。

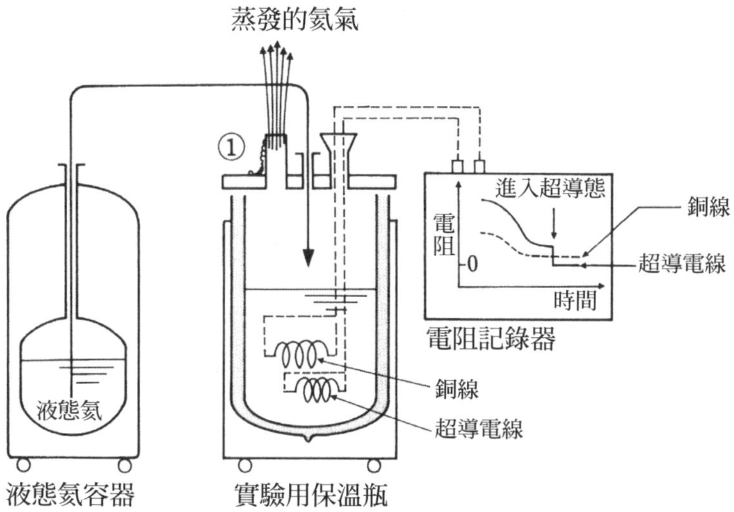

1.1　零電阻實驗裝置

我用筆式記錄器記錄電阻，電阻較高的那條線代表超導電線，較低的則是銅線。液態氦屬於稀有地下資源，所以我們一般會回收蒸發的氦氣，加壓後再用液化機重新將氦氣液態化。大家應該知道，如果吸了氦氣再講話，聲音就會變得像唐老鴨一樣。這其實是聲音在氦氣與空氣中傳導速率差異所造成的現象。

蒸發的氦氣洶湧噴出保溫瓶，形成了一團白霧，這就是保溫瓶中已經十足冷卻的證據。這團白霧其實是氦氣周遭的水分凝結而成，你瞧是不是整個白濛濛的？記錄器上顯示兩者的電阻也已經大幅下降，但超導電線的電阻依然是銅線的兩倍左右。這時請各位特別注意這裡（圖1．1①），好像有什麼液體流下來了。各位覺得這是什麼？這可不是液態氦喔。其實這是空氣，是液態的空氣。溫度降至約零下一九〇度C時，空氣就會轉變成液體。也就是說氦氣噴出口的溫度已經冰到這種地步了。我們平常呼吸的空氣一旦冷卻至這個溫度也會變成液態。氣體冷卻至一定溫度後即會轉變為液態的普遍概念，出自英國知名電磁學家法拉第（一七九一～一八六七年）。他是史上第一個將氯氣液化，並從中推論出氣體液化概念的人。

我們將注意力拉回保溫瓶。冷卻至這個溫度之後，瓶內的液態氦也差不多要開始沉積了。超導電線和銅線的電阻皆穩定維持在一定的數值，這稱作殘餘電阻。超導電線的殘餘電阻依然是銅線的兩倍左右。但之後呢？現在溫度降到零下二六〇度C，請注意超導電線的電阻，就是記錄器上的這條曲線（圖1．1的實線）。哇，電阻竟突然開始下降了。哇、哇、哇，超導電線的電阻迅速降低，最後歸零了。至此超導電線已經進入超導態，保溫瓶內也已經積了不少液態氦。液態氦和水不一樣，冒出的泡泡非常細小，液面起泡也十分細微。這是液態氦的特徵，因為液態氦黏性非常低、阻力極小，所以冒出來的泡泡也會非常細緻。

電阻是如何產生的

各位經過以上實驗，應該理解零電阻是怎麼回事了。接著我們思考一下零電阻代表什麼意義。前面說電阻是電壓除以電流後的數值。先來談談電流。電流即電子的流動，而電子是帶負電、重約十的負三十次方（10^{-30}）公斤（靜止質量）的微小粒子，大量存在於各種物質中；尤其大部分金屬內都有特別多可以自由跑來跑去的電子。因電子帶負電，所以若要讓電子從電線左邊流向右邊，必須在電線右端設置吸引電子的正極，並於左端設置反彈電子的負極，此時正負兩極之間的電位差即為電壓。

然而金屬之中也排列著許多構成該金屬的原子（如銅原子或鐵原子），電子流動時勢必會受到原子的阻礙、撞上原子，而電壓即是提供電子戰勝原子阻力的力量。因此想要提升電流、加快電子的流動，就得提高電壓；而提高電壓，也會增加電子衝擊原子的力道，消耗電子更多的能量。所以電流愈大，需要的能量，也就是電力也愈大；其所需電力即為電壓×電流。說到這裡我想大家已經可以理解，電線通電時的電力，也就是能量會因為電子衝撞原子而耗損，而遭受電子衝擊的原子會振動得更加劇烈一些，導致溫度些微上升。換句話說，本該用於推動電流的電力，有一部分被拿來提高電線的溫度了。

以上原理適用於銅線等一般導線，而超導電線沒有電阻，意即電子不會與電線的金屬原子相撞，代表電線不會升溫。換句話說，超導電子不會浪費掉任何能量，是一種節能的電子狀態。為了驗證上述說法，我要對泡在液態氦中的兩條電線通電。請見保溫瓶中的銅線和超導電線，雖然液面比剛才低了些，不過兩條線圈仍完全浸泡在液態氦之中。哎呀！瞧瞧！液態氦裡面竟下起了白雪似的東西。各位覺得這是什麼？其實這也是空氣。由於液態氦的蒸發口直接對外開放，跑進瓶內的空氣冷卻凝結後便在液態氦中如雪花般飄落。空氣在零下一九〇度C左右會液化，而降至零下二一〇度C時則會凝結成固體，也就成了空氣的冰雪結晶。保溫瓶裡是一座足以將空氣凝成雪的冷澈世界。不過搞不好其他星球上住著呼吸氫氣、氦氣混合氣，並用空氣雪打雪仗的文明人呢。這些外星

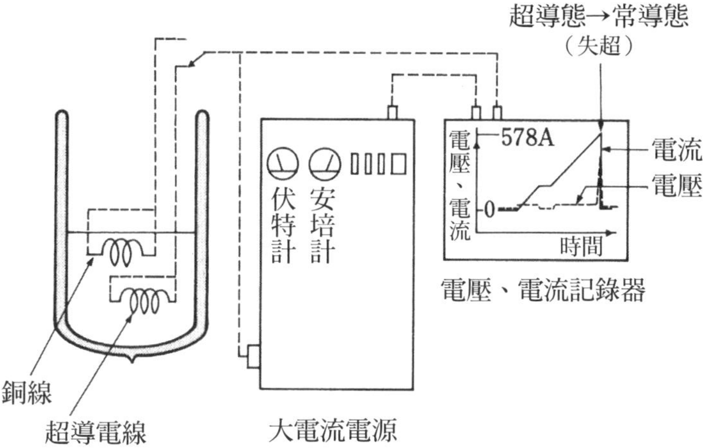

1.2　臨界電流實驗裝置

人如果來到地球，看到我們呼吸著雪蒸發而成的氣體，可能會很驚訝我們怎麼這麼耐熱呢。

看樣子銅線和超導電線已經做好了通電準備（圖1・2）。右邊這顆是安培計，左邊則是伏特計。伏特計連接超導電線兩端，並以筆式記錄器記錄數值。請注意記錄器和保溫瓶內部的狀態。我先對銅線通電。好，通電了。銅線周邊冒出了大量的氦氣泡。各位可以看到氦氣開始大量蒸發，銅線如電熱器一般煮沸了液態氦。再煮下去有點浪費，我先斷電。一般家庭使用的電線都是銅材質，不過大家可能不曾想過銅線竟然如此容易發熱吧。但也是因為液態氦特別容易蒸發，所以才能這麼清楚觀察到銅線發熱的狀況。

輪到超導電線了。通電。電流開始上升，不過超導電線兩端的電壓仍是零，而且保溫瓶中沒有出現任何變化。假如超導電線中的電子與金屬原子衝撞生熱，液態氦應該會像剛才銅線通電時一樣馬上開始蒸發。可是你們看，電流已經來到一百安培，液態氦依舊沒有出現異常蒸發的狀況。這下子各位應該接受超導電線確實不會耗損任何能量了吧。

我們再將電流數值拉高一些。現在來到三五〇安培了。四百安培、四五〇安培、五百安培。到底可以增加到多少安培？五五〇安培——啊！電壓動了！「咚」（斷路器斷開的聲音）。電壓開始上升的瞬間，電流歸零，同時可以看到液態氦開始劇烈蒸發。這種現象稱作失超（Quench），也就是材料失去了零電阻的超導性質，變回一般常導態的過程。因此電壓產生，機器檢測到電壓便自動斷電了。而在電源完全切斷之前的極短時間內，回歸常導態的超導電線因發熱而煮沸了液態氦。

所以說超導電線能承受的電流強度並非無限，有一個我們稱作臨界電流的上限值。剛才實驗中的超導電線，臨界電流為五七八安培，截面積為〇．二平方毫米（mm²），電流密度經計算後約為每平方毫米三千安培（A／mm²）。一般銅線的電流密度約為每平方毫米五安培（水冷型銅線），也就是說超導電線的電流量大約可達銅線的六百～一千倍，還不會浪費任何電力。這就是我們在考量超導體應用時最大的重點。

超導電線在輸送大量電力時可以發揮極大價值。日本現在的主幹電線在送電過程中因電阻喪失的電力最多達百分之十，倘若改用超導電線即可完全避免這些損失。然而實務上超導電線需要仰賴液態氦冷卻，而液態氦冷卻系統本身就需要大量電力，因此目前還無法有效實際運用。但如果未來發現不需冷卻、室溫下亦顯現超導現象的材料，就能省下冷卻系統用電，使用超導電線送電將變得百利而無一害。假設成功開發出室溫超導電線，橫越海洋的長距離送電也不無可能。雖然目前我們已經使用海底電纜瞬間傳遞資訊，但不久的將來若能實現海底電纜跨海無時差送電，國際之間的合作關係也會進入新的階段。室溫超導材料肩負著人類遠大的夢想與抱負。

第2話　永久電流真的永久嗎？

上一節我示範了零電阻的實驗，這一節要繼續帶大家體驗何謂永久電流。永久電流是指超導環通電時，電流不會發生任何耗損、半永久持續流通的狀態。這種性質適合應用於磁場產生器和電池等領域。

前一節我示範了如何用液態氦將超導電線冷卻到零下二六九度C，不過這邊為節省時間，我事先將電線冷卻好了。保溫瓶中的狀態如圖2・1所示，超導線圈和永久電源開關以串聯方式連接，形成封閉的電路。永久電流開關是一種將電熱線捲在超導電線上的裝置，加熱器切掉的狀態下導線會進入超導態（開），啟動後導線會升溫並脫離超導態（關）。

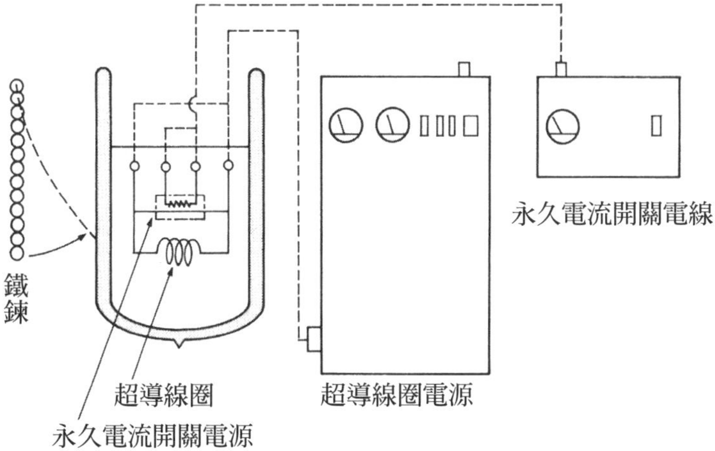

2.1　永久電流模式實驗裝置

保溫瓶中的超導線圈通電後會產生磁場，吸引一旁的細鐵鍊靠近。嚴格來說是因為超導線圈的磁場將鐵鍊變成了磁鐵，所以鐵鍊才會被超導線圈所吸引。我們可以透過鐵鍊的動向判斷超導線圈是否為通電狀態。現在鐵鍊自然下垂，代表線圈並未通電。

那麼實驗開始，首先要關掉永久電流開關，所以要啟動永久電流開關的電熱線。如此一來永久電流開關的超導電線便呈現常導態，也就是說具有高電阻。接著慢慢增加電流，十安培、二十安培……

本實驗使用的超導線圈與上一節實驗中的

超導電線材質相同，即使考量到線圈本身的磁場，還是可以乘載約兩百安培的電流，不過目前的電流只有一百安培。上一節我沒有解釋，但其實超導電線上的電流強度會隨著導線承受的磁場強度提高而遞減。實驗中的鈮鈦合金線是當今最盛行的超導電線材料，在強度一萬高斯的磁場下，每平方毫米的電流約為二六〇〇安培、五萬高斯時約為七百安培，九萬高斯時甚至大幅下降至只剩一百安培。再繼續提高磁場強度下去，電流密度會小到沒有實際應用的價值，而這種情況則會用鈮化錫來代替鈮鈦合金。好，電流來到一百安培了。聊著聊著，鐵鍊現在已經緊緊被超導線圈吸過去了呢。

這時我們打開永久電源的開關，也就是關掉加熱器。所以永久電流開關部分的超導電線會進入超導態，電阻將降為零。如此超導線圈就準備好進入永久電流模式了。我們降低超導線圈的電流，八十安培、六十安培……已經降到五十安培了，鐵鍊卻和一百安培時一樣受到線圈吸引。繼續降低電流，三十安培、十安培、零安培。即使電流已經歸零，鐵鍊仍被超導線圈強力吸引。我也不希望別人誤會是我偷偷動了什麼手腳讓安培計的指針歸零，所以我決定移除電源和超導線圈連接的電線。由於電線兩端為零下二六九

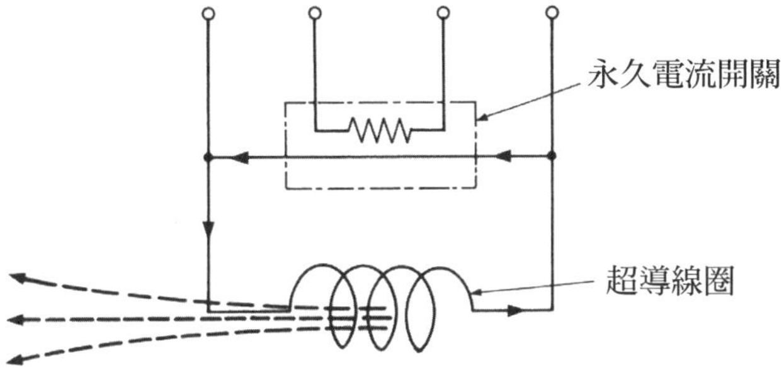

2.2　永久電流模式超導線圈的電流路線

度C的極低溫狀態，操作時要小心一點以免凍傷。這下電源和超導線圈已經完全分離，但因為超導線圈上依然存在電流，所以會持續吸住鐵鍊。這絕對不是在變魔術，只是電流在超導線圈和永久電流開關構成的封閉迴路中流動而已，就像圖２．２的模樣。普通的銅線因為有電阻，所以電源移除後電流也會馬上歸零。不過超導線圈沒有電阻，所以電流可以流動不息。這種持續流動的電流就稱作永久電流，而這種超導線圈的使用方法則稱作永久電流模式（Persistent Mode）。這項實驗也證明了超導電線擁有零電阻的特性。事實上，科學家曾實驗讓永久電流持續流動數年，證明超導體沒有電阻。該實驗之所以進行了數年便中止，並非因為永久電流耗損，而是人力與經濟成本負擔太大；因為他們必須每天補充液態氦才能維持線圈的超導狀態。

沒了電源也能維持永久電流的方法

要創造永久電流，還有更簡單的方式。裝置已經準備好了。我不使用電源，而是打算用超導環和磁鐵棒來製造永久電流。我將這組超導環和磁鐵棒（圖2・3）慢慢泡入液態氦，依照慣例冒出了大量的氦氣。等氦氣蒸發告一段落，超導環理論上也已經進入超導態了。接著我們抽出液態氦中的磁鐵棒。好，抽出來了。磁鐵棒現在溫度非常低，所以表面有許多空氣凝結而成的液體。這些白霧和滴下來的東西都是液態空氣，當液態空氣滴落後又會馬上回歸氣態。好，我們把注意力拉回保溫瓶上。瓶中的超導環照理來說已經有電流一直在流動了。可以的話我也想接上安培計測量，無奈安培計的探針與線路並非超導體，接上去之後電流會馬上歸零。所以我準備了一顆指北針（圖2・3b）。指北針平常會指出南北方位，不過只要靠近通電的線圈，就會受到線圈磁場的影響而改變指針方向。我們將這顆指北針靠近超導環看看吧。瞧（圖2・3b），指針指向超導環

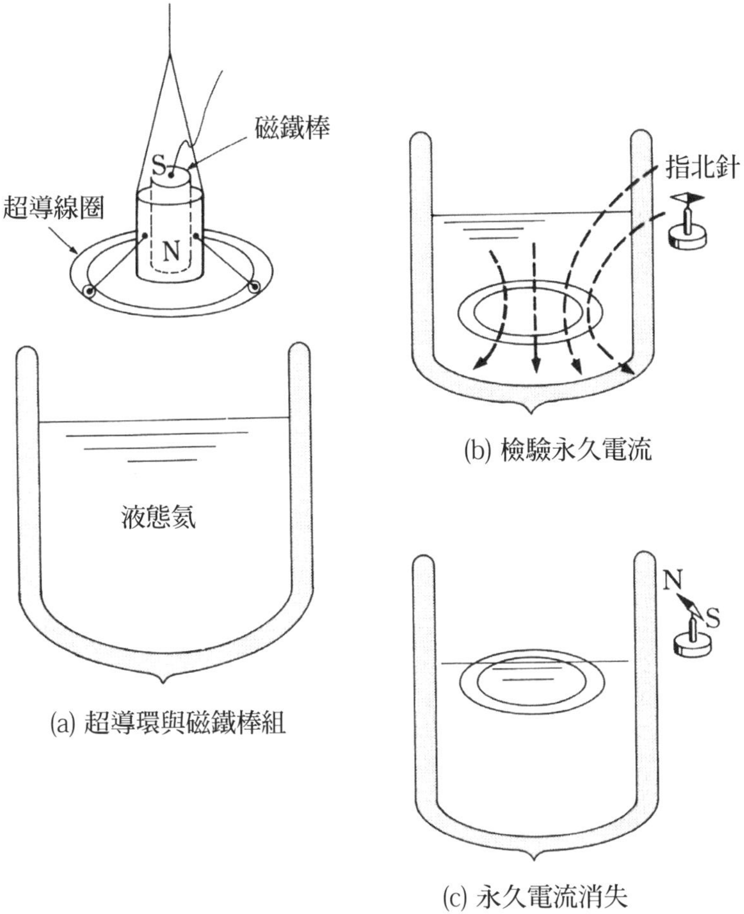

(a) 超導環與磁鐵棒組

(b) 檢驗永久電流

(c) 永久電流消失

2.3　永久電流產生

了。這就代表環上是有電流的，而且這個電流還是永久電流。

各位的神情看起來還是不太敢相信超導環跟剛才的線圈一樣流著永久電流呢。不過懷疑正是科學的原點，抱持半信半疑的態度就對了。但為了解除大家心中的疑惑，我們還是將保溫瓶中的超導環恢復成普通狀態吧。依照剛才的理論，解除超導狀態後永久電流應會立刻消失，指針也會恢復原本指向南北的狀態。而要解除超導狀態最簡單的方法就是加溫，所以我要將超導環從液態氦中緩緩取出。要拿出來囉。請各位仔細觀察指北針，現在指針還是指著超導線圈所在的方向。好，超導環上端已經離開液態氦了。快看，這時指針彈了回去，搖搖晃晃的，愈來愈趨近南北兩向了（圖2．3ｃ）。大自然實在太冷血了，超導環一旦變成常導體，指北針就翻臉不認人了。言歸正傳，當環上的超導現象解除後，永久電流也會完全消失。由此可推論環上的電流在超導狀態下是流動不息的。

為求嚴謹，我們再製造一次永久電流。先將指北針拿開，照原本方式將磁鐵棒放回常導態的超導環中，並再次泡入液態氦。接著將磁鐵棒抽出來拿到遠一點的地方放，再將

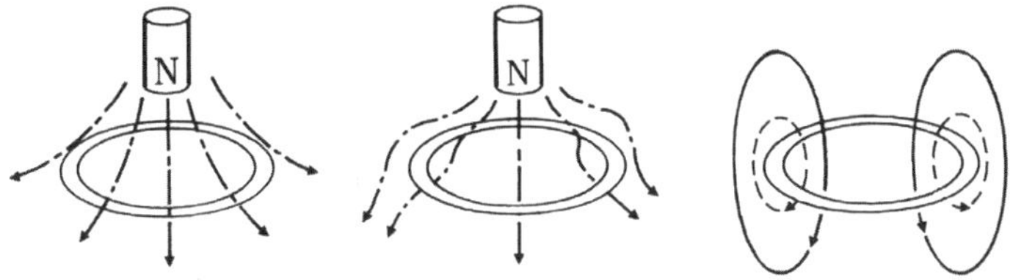

①讓超導環變回常導態，再施加磁場。　②讓環在施加磁場的狀態下進入超導態。　③抽出磁鐵。

2.4　永久電流產生的機制

指北針移回來。你猜怎麼著？指針再次指向了超導線圈的方向，我們又製造出永久電流了。

以上永久電流產生的機制如圖2．4所示。先讓超導環處於常導態，放入磁鐵棒施加磁場，這麼一來磁力線就會存在於環上、環的外圍和中心。這時讓環進入超導態，磁力線就無法貫穿導體，也就是說環內的磁力線無法穿透到環的外面。因為超導體也具有排除磁場，使磁力線完全不能通過的性質。這種性質稱作邁斯納效應（Meissner Effect），下一節我會詳細解釋。總之在這種情況下抽出磁鐵棒的話，超導環內的磁力線就會像圖2．4③所畫的被關在環內出不來。然而超導環內有電流才有可能產生磁力線，因此我們不得不承認超導線圈中確實有電流，而且還是永久電流。這種方式即使沒有電源和永久電流開關，也能輕鬆賦予超導線圈永久電流。

超導體的這些特性有什麼用途？一個是永久磁場產生器，也就是用來取代永久磁鐵。永久磁場產生器只需要用到超導線圈，既輕巧又能產生強力磁場，而且一旦激磁後即不需供給電源。日本鐵道總合技術研究所便將這項性質用於開發夢幻超高速列車——超導磁浮列車。原理是在列車上安裝永久電源模式的超導線圈，利用線圈的磁力讓車體懸浮並運行。

另一個用途是電池。線圈上有電流流動，代表儲存著電力。詳細內容待到第5話再談，這邊先簡單說明用途。若出現可實際應用的室溫超導材料，那麼遠比現有電容器更高性能、更精巧的超導體蓄電裝置就有可能問世。

目前永久電流模式超導線圈大放異彩的領域，是醫療掃瞄儀器MRI-CT（磁振造影&電腦斷層）。MRI-CT儀器運作上需要極為穩定的磁場，而永久電流模式超導線圈即可滿足這項需求。日本現今引進的MRI-CT儀器中有七成、約莫四百台以上都是使用超導線圈的機型。這也意味著即便不是室溫超導、需要靠液態氦冷卻，只要能充分發揮超導線圈的特色，社會大眾依然能接受超導體的存在。

本節最後我們來思考一下：永久電流真的永久嗎？答案是ＹＥＳ。不過這個答案僅限於談論超導體本身時。現實中的超導線圈還會連接超導電線、永久電流開關，而這些接合處終究會產生些微電阻，導致永久電流漸漸減損。ＭＲＩ－ＣＴ儀器也因為上述原因，每年都需要替超導線圈充電一次。不過超導體內部本身是完全沒有電阻的狀態，電流可以永遠流動。

對很多人來說，電子在超導體封閉迴路中流動時能量完全不會耗損的現象可能很違背常識，不過別擔心，永久電流其實早就存在於我們生活周遭了。

比方說各位身邊的空氣。空氣主要是氧和氮的混合氣體，氧氣的氧原子核周遭有許多電子運行，而這些電子在運行過程中能量也是絲毫未損。如果這些電子的能量會在運行時耗損，那這個宇宙恐怕就不會剩下半點物質了。重點是，我們最好別將電子想像成一顆單純繞著原子核轉來轉去的球。

我們反而要採取完全相反的角度，將電子想像成在真空中擴散的波動。而且這還不是電子才有的特性，所有物質都是如此。這是現在用以解釋物質的普遍概念，也就是所謂的量子力學。量子力學上的特性通常只能在電子等微觀尺度的粒子世界才能觀測到，然而超導現象之所以特殊，就是因為它將量子世界的情況呈現在我們生活的宏觀世界。再深究下去就要脫離本書主題了，有興趣的讀者歡迎找該領域書籍了解一下。

第3話　超導體討厭磁場

所有物質可大略區分成鐵磁性物質與非磁性物質。鐵磁性物質內含許多微小磁鐵，若施加外部磁場，這些小磁鐵會產生應力。鐵就是其代表物質之一。若將內部小磁鐵全部指向相同方向並緊緊固定以避免秩序亂掉，即形成永久磁鐵。永久磁鐵不需倚賴外力，可自行產生磁場。

相對地，非磁性物質內部僅含有極少量、甚至沒有這種微小磁鐵，即便施加外磁場，物質也幾乎不會產生感應。我們生活周遭大多物品都屬於非磁性物質，例如昨天實驗中使用的玻璃保溫瓶。若玻璃為鐵磁性物質，永久電流模式下的超導線圈就會吸附到玻璃上，後果不堪設想。幸好玻璃為非磁性物質，所以不會對磁場產生任何反應。不過保溫

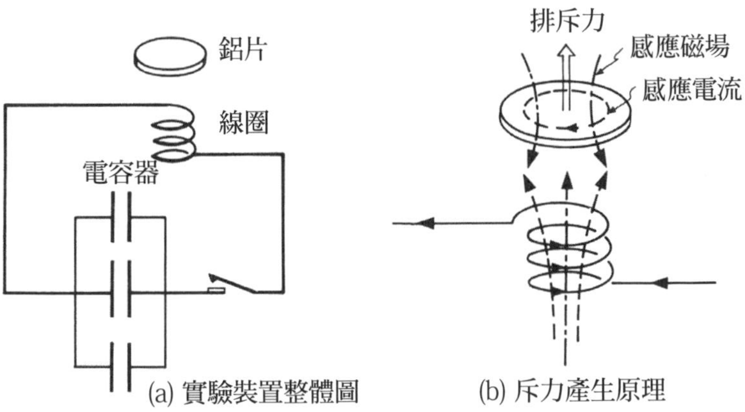

3.1 電磁感應產生斥力的實驗

瓶外垂掛的鐵鍊就屬於鐵磁性物質，所以會對瓶中超導線圈產生感應而被吸引過去。

但如果非磁性物質是金屬之類的電導體，就有可能對磁場產生強烈的反應。這種現象的原理叫作電磁感應。簡單來說，施加於導體的磁場增強時，導體內部會產生一股與外加磁場相抗衡的電流，結果令導體具有一股與磁場產生體相斥的作用力。更詳細的內容我們等到第6話再來解釋，這邊先示範一個簡單的實驗。

現在有一個銅線圈和一塊鋁板（圖3・1a），銅線圈和大容量電容器串聯，兩

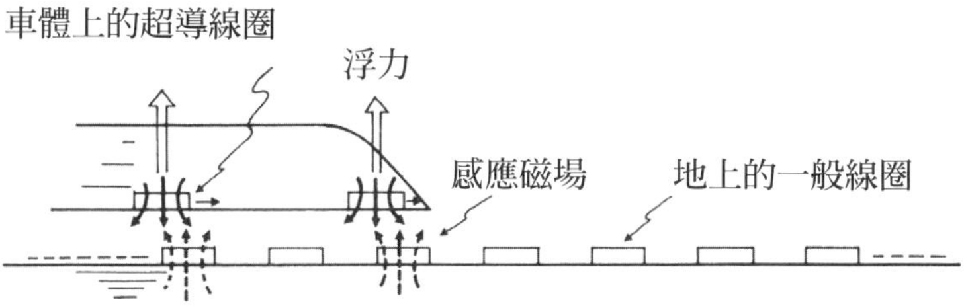

3.2　磁浮列車的飄浮原理

者間設置一座開關。我這顆電容器的電容約為十毫法（拉第），可以儲存差不多一千焦耳的電能。補充說明，一千焦耳的能量約等於二四〇卡路里；若五秒內耗盡所有能量，功率就是焦耳除以秒數，等於二百瓦特。

言歸正傳，當這項裝置的線圈通電時，線圈內急遽上升的電流會帶動鋁板內的磁場迅速上升，產生反抗外加磁場的感應電流，造成鋁板受到一股向上抬升的力量（圖３·１ｂ）。我們來操作看看。打開開關。「喀擦、哐啷」。瞧，鋁板竟然飛了將近兩公尺高。計算後可以知道鋁板在瞬間承受了高達五百公斤重的作用力。如實驗所見，非磁性物質也會受到如此強大的磁力，而且還不是鐵磁性物質的那種吸引力，而是排斥力。

這套原理可以運用在很多領域，其中最有名的莫過於第

2章介紹的磁浮列車。如圖3・2所示，我們以車體上的超導線圈作為磁場產生器，當磁場產生器快速靠近閉路形式的一般線圈（等同於前述實驗中的鉛板），其瞬間產生的排斥力就可以讓超導線圈，也就是車體飄浮起來。不過這裡最大的問題在於一般線圈的電阻。好不容易產生了感應電流，若因自身電阻導致電流強度迅速減弱，就無法獲得足夠的排斥力。磁浮列車的原理是在鐵道上設置許多一般線圈，藉由每個線圈輪流產生感應電流以維持車體的漂浮狀態。就這個原理來看，若車輛靜止不動，也就不會產生浮力。

那如果用超導體來取代產生感應電流的一般線圈會發生什麼事？各位第1話已經親眼見識過，超導體沒有電阻，因此感應電流可以永久流動不減損。這代表靜止物體也會持續受到斥力作用，一直漂浮在半空中。這或許令人難以置信，畢竟若真如此，那不就和幽浮沒兩樣嗎？百聞不如一見，我們趕緊進行下場實驗吧。

我沿用上一節的玻璃保溫瓶，這次瓶內放了一塊鉛板並填入液態氦。鉛在零下二六五度C時會進入超導態，所以只要用液態氦確實冷卻，鉛就能進入超導態。接著我在鉛板上方安排一位騎著掃帚的魔法婆婆小人偶（圖3・3）。其實婆婆騎的掃帚是一塊磁鐵，

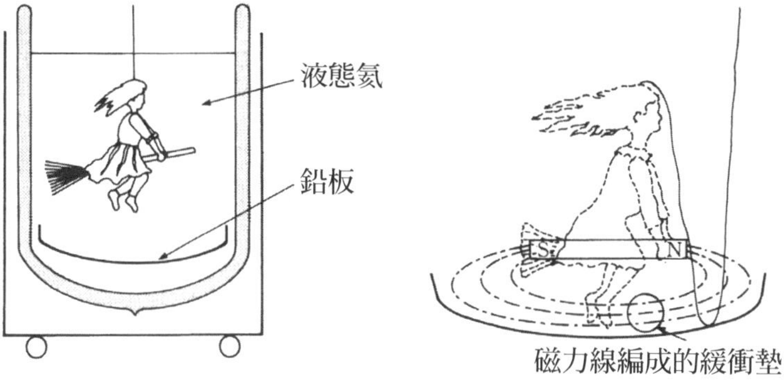

(a) 實驗裝置整體圖　　(b) 漂浮的原理

3.3　超導磁浮實驗

所以如果剛才的假設是對的，那麼當魔法婆婆靠近下方鉛板時，鉛板應該會產生感應電流，婆婆則會受到反彈的力量而漂浮。而且超導鉛板中的感應電流不會耗損，所以婆婆會一直浮在半空中。真相究竟如何？但由於婆婆一開始是室溫的，所以從放入液態氦到完全冷卻之前會冒出大量氦氣，請各位稍微忍耐一下。

那麼我要將婆婆放入瓶中囉。嘶——大量氦氣蒸發。現在這樣蒸發得差不多之後，我們可以慢慢降低婆婆的高度了。頭上綁著細繩的魔法婆婆開始降落。高度緩緩降低，再十五公分就要碰到鉛板了。只剩十公分，剩五公分了。我們再放慢一點降低的速度。奇怪？明明還有差不多兩公分的距離，婆婆怎麼下不去了？你們看，婆婆頭上的線都已經垂下來了。如各位所見，細線已經無力垂落，還已經碰到鉛板，但騎著掃帚的婆婆卻依然悠哉地漂浮在半空中（圖３．３ｂ）。

各位也親眼看到了，剛才那些有如天方夜譚的內容全都不是瞎扯，這也絕對不是在作夢。磁鐵就漂浮在超導體上頭。當然就算換磁鐵在下，超導體也會漂浮在上方。這種完全排斥磁鐵的性質稱作完全抗磁性。目前發現具有完全抗磁性的物質，就只有超導體。

截至目前，我們說拿磁鐵靠近零電阻的超導體時會產生感應電流，而感應電流會給予磁鐵浮力。雖然這種講法並沒有問題，不過超導體背後的力量更不得了。為了示範給各位看，我先將保溫瓶底下的鉛板取出來，讓它稍微升溫回到常導態。慢慢拿出來。由於液態氦中的鉛為超導態，所以漂浮的婆婆也跟著被帶了上來。鉛板差不多要脫離液態氦了。啊！婆婆掉到鉛板上了。這下鉛已經脫離了超導狀態。

接著我要將鉛板下降至液態氦的液面高度，讓鉛板再次回歸超導態。這次魔法婆婆一開始就放在鉛板上，所以鉛板理應不會產生任何感應電流。因為作用於鉛板上的磁場強度並沒有任何變化，所以照理來說婆婆不可能會浮起來才對。但實際上還是會，而這就是超導體厲害的地方。我們話不多說，趕緊看看實驗。那我要慢慢下放鉛板了，請關注婆婆的部分。鉛板就要接觸到液態氦了。快看，婆婆又活力十足地飛起來了。這就是超導體的特性。

超導體不需要藉由磁場變化創造感應電流，只要進入超導態，超導體本身就會像要排除掉周圍磁場似地產生電流，而磁鐵也就會受到斥力而漂浮。換句話說，物體進入超導態的瞬間便會將周圍磁力線往外推，而這些磁力線會形成一個緩衝，讓磁鐵飄在半空中。第1話雖然提過超導體具有零電阻的性質，但不足以充分說明超導體的特色；完全抗磁性才是超導體最根本的性質。反而可以說因為有這個性質，才能推導出完全導電性（零電阻）。這個現象稱作邁斯納效應（Meissner Effect），而邁斯納即是該性質的發現者。

第一類超導體與第二類超導體

超導體其實分成兩種，一種就像剛才實驗中的鉛一樣會完全反彈磁場，另一種則像上

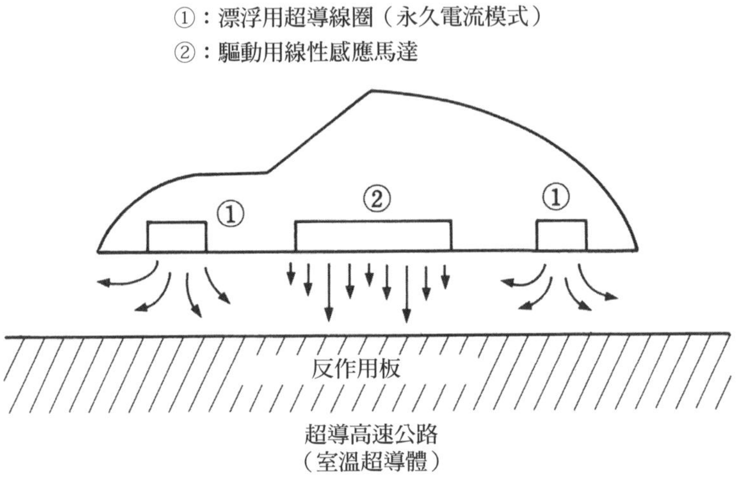

3.4 磁浮車的構想示意圖

一節使用的鈮鈦合金一樣，在特定強度以上的磁場下只會反彈部分磁力線。前者列為第一類超導體，後者則為第二類超導體。鋁、錫、銦、鎢等元素類的超導物質幾乎都屬於第一類超導體。這類物質雖然具有超導體最理想的性質，但只要施加一千高斯以下的低磁場就會瞬間失去超導性質，所以實用性不高。

相較之下，現在最常用到的超導材料如鈮鈦合金、鈮化錫，甚至發展有成的陶瓷類高溫超導體皆屬於第二類超導體。第二類超導體即使處於十萬高斯以上的磁場也不會喪失超導特性，甚至估計能承受一百萬高斯以上的超高磁場，可謂革命性的材料。

最後我們稍微聊聊完全抗磁性帶給我們的美夢吧。如果室溫超導陶瓷實現，我們可以鋪在高速公路的路面。超導陶瓷畢竟是陶瓷，所以有辦法做成磁磚，用水泥貼在地面上。之後只要替車子裝上磁鐵，車子就會像保溫瓶中的魔法婆婆一樣離地懸浮。我們可以運用這種原理，在車子上搭載線性感應馬達（88頁）。在圖3・4的情況下，路面就是線性感應馬達的反作用板，所以能源使用效率非常高；此外還能一舉解決噪音、震動，還有摩擦地面時帶起的粉塵等公害。若室溫超導材料技術成熟，超導磁浮式的線性馬達車也能化為現實。

第4話　超導體的發展足跡

前面幾節我們主要藉由實驗來理解超導體的基本性質，這一節我們先暫停一下實驗，稍微帶大家掌握一下超導現象的原理概論和發現至今的發展進程。

當金屬中負責導電的自由電子以特定秩序排列時，便會顯現超導現象。超導現象普遍存在於大多的元素、合金，甚至化合物上，一點也不稀奇。而自由電子以特定秩序排列是什麼意思？好比說雜亂無章的氣態水分子（水蒸氣）因交互作用而黏成一團，形成秩序，即會轉變為液態水。同樣的道理，超導現象就是金屬中宛如氣體分子的自由電子黏成一團的狀態。自由電子之間需要引力才能相互吸引，但所有電子都帶負電，所以電子之間平常都有電荷斥力（庫侖排斥）作用，就如同兩塊磁鐵的S極會互相排斥。因此平

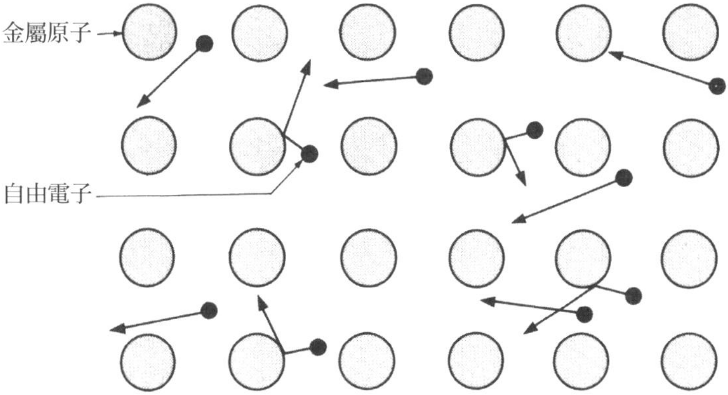

4.1　金屬中的自由電子模型

時電子群之間並不會藉由引力維持排列秩序。

我們換個視角，用電子顯微鏡來觀察微觀世界下的金屬。如圖4．1所示，金屬原子井然有序，而自由電子則遊走在原子之間。我們第1話也已經說明過，自由電子在游走過程中會衝撞金屬原子並喪失能量，而這就是電阻的真面目。不過特定金屬降溫之後，有些自由電子與原子交互作用下喪失的能量，會由其他自由電子完整接收。圖4．2即是該現象的模型圖。

電子①將金屬原子拉近，並給予能量。但接著原子又拉近電子②，並將能量給了

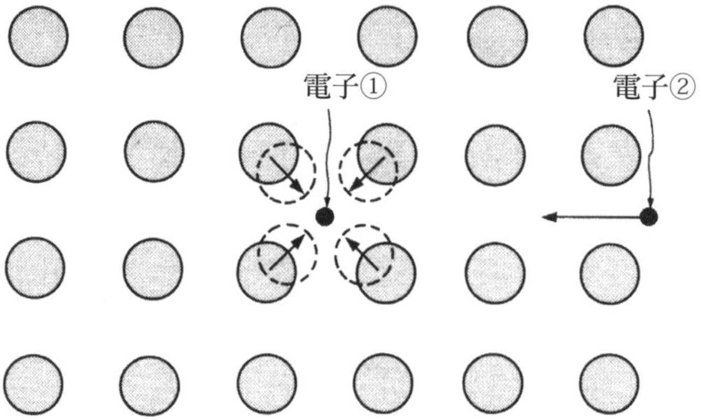

自由電子之間的重力交互作用

4.2　超導現象顯現機制（ＢＣＳ理論）

電子②。就結果來說，只是電子①的能量轉遞到電子②上，電子①和電子②的能量總和並沒有改變，等於能量沒有損失，也意味著沒有電阻。而這種理想的交互作用現象即是超導狀態。圖４．２中可以明確看出，電子①和電子②彼此是以金屬原子為仲介進行交互作用，互相吸引。

一九五七年，美國科學家巴丁（John Bardeen）等人根據上述想法提出了超導體的量子理論（ＢＣＳ理論）。不過這項理論也認為超導現象僅會發生於零下二四〇度C的低溫環境，依然沒有跳脫當時的常識。直到一九八六年，班道茲等人發現了陶瓷類高溫超導體之後才打破定見。現在有些高溫超導陶瓷甚至會在遠高於以往紀錄的零下一五〇度C出現超導現象。但高溫超導體內電子之間的交互作用機制至今仍未有定見。

超導體簡史

接著我們來看看超導體的發展歷程。最早發現超導現象的人是荷蘭萊登大學（Leiden University）的教授歐尼斯，他於一九一一年觀測到該現象。歐尼斯是名徹頭徹尾的低溫物理學家，他於一八八二年開始任職於萊登大學，設立低溫物理實驗室，期望打造歐洲低溫研究中心。他著手打造空氣液化機（約零下二〇〇度C）和氫液化機（約零下二五〇度C），並於一九〇八年成功液化氦氣，創下了當時人為最低溫記錄：二七〇度C。歐尼斯成功液化氦氣之後，緊接著開始研究金屬的電阻。當時金屬電阻在低溫下的實驗結果和理論值差距實在太大，所以他以金（Au）和鉑（Pt）進行實驗，發現金屬純度提高，低溫下的電阻便會趨近於零。他根據實驗結果假設電阻和金屬純度有關，於

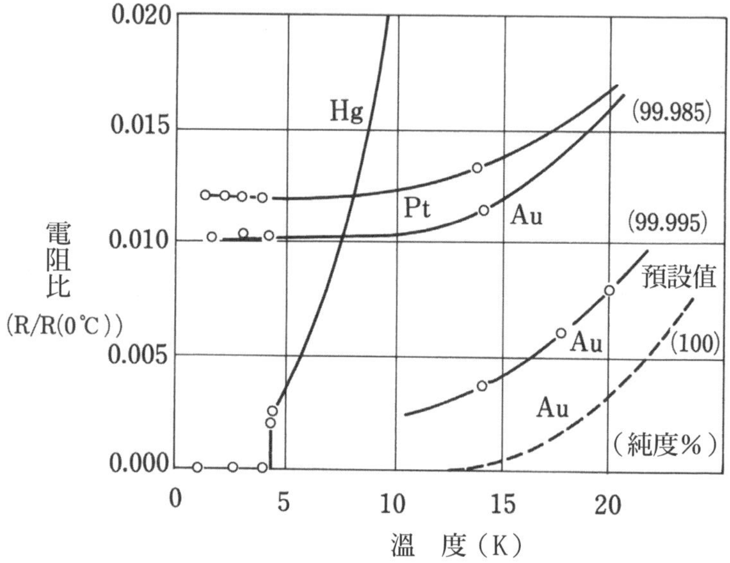

4.3　金屬於低溫狀態下的電阻（Au：金、Pt：鉑、Hg：汞）

是使用當年最容易取得的高純度金屬——汞（Hg）進行相同的電阻實驗。結果如圖4．3所示，他發現當溫度降低至零下二六九度C（四K）左右時，汞的電阻突然歸零。然而歐尼斯個性謹慎，他之後仍用錫、鉛反覆實驗，也觀測到相同現象。於是他於一九一三年第三屆國際製冷會議（IIR）中發表了「superconductive state（超導態）」的學說。之後歐尼斯也發現了超導態的引發條件除了臨界溫度（超導相變溫度），還有臨界磁場、臨界電流。

而第一個將超導現象公式化的人是貝克（Richard Becker）。他長年跟著歐尼斯進行超導體的實驗，一九三三年將超導體視為完全導電體（零電阻）並嘗試用公式表現，最後得出了一個結論：超導體內部的磁場不會隨著時間而變化。換句話說即便外部磁場改變，超導體內部磁場也會始終維持原始數值。

貝克提出這項結論後，德國科學家邁斯納（Walther Meissner）和奧克森菲爾德（Robert Ochsenfeld）隨即進行驗證。他們先測量超導體置於一磁場內時周邊的磁場分布，結果發現超導體內部的磁場被全數排除在外，並不符合貝克當初預言的狀況（內部磁場維持原狀）。這個現象代表超導體具有完全抗磁性，而這個效應也以發現者的名字命名為邁斯納效應。由於在溫度、磁場等外部條件相同的狀況下，所有超導體都會呈現相同的狀態，意味著超導態可視為熱力學上的一種相。這項事實讓熱力學方法得以插足超導體研究的行列。後來科學家更發現，從常導態轉變為超導態的現象，與磁鐵從順磁性轉變為鐵磁性的相變屬於相同類型，因此可推測超導相應存在一個與鐵磁相同樣可以在長距離下維持秩序（協同現象 cooperative phenomenon）的某種東西。

緊接著一九三五年，英國物理學家倫敦（Fritz Wolfgang London）以現象學角度解釋了邁斯納效應。他預言磁場仍可穿透超導體的表面，其深度為λ（拉姆達）。提出理論之後就要驗證，雖然科學家嘗試計算「倫敦的磁場穿透深度」λ，不過他提出的數值小到只有10^{-6}公分，因此實驗始終沒有太大進展。直到一九四九年尚伯格（David Shoenberg）等人，還有一九五三年皮帕德（Alfred Brian Pippard）才得出近乎符合倫敦理論的實驗結果。

皮帕德還同時發現另一個現象：若超導體中混入微量雜質，雖然臨界溫度不會改變，但磁場穿透深度λ卻會大幅增加。他為了說明此現象，定義電子之間的距離在ξ（可希）的範圍內才可維持一定秩序，並將此距離命名為相干長度（coherence length）。順便跟各位說一下，超導金屬元素的ξ約為10^{-4}位數，單位是公分。這項理論也逐漸揭露了超導體最根本的模樣，也就是當電子間的距離在一定範圍內時會互相產生干涉現象。

最後提出超導現象論的人則是蘇聯天才科學家藍道（Lev Davidovich Landau）與金茲柏格（Vitaly Ginzburg）。他們絞盡腦汁，試圖理解邁斯納效應的真諦。因為邁斯納效應是提高超導體內部磁能的效應，因此若在超導體中放入無數細小常導體，理論上會違背邁斯納效應，導致能量降低。他們為了驗證邁斯納的假說，以量子力學的概念類比熱力學，結果發現了第一類與第二類超導體的分別。簡單來說，第一類超導體在無雜質的狀態下能維持最安定的超導相，第二類超導體反而是混雜著超導相和常導相的狀態下更安定，而且這種混合態即便位於高磁場下也能穩定存在。這項學說發表於一九五〇年，不過藍道採用量子力學概念類推的手法實在過於前衛，當年幾乎不被學界所接受。一直到ＢＣＳ理論出現之後的一九六〇年才開始受到關注。

倫敦方程、熱力學理論、皮帕德的相干長度……物理學研究逐步揭開了超導現象的神秘面紗，促使許多研究者立志提出超導現象產生機制的基礎理論。而與超導現象論並行發展的量子力學界中，著名的海森堡（Werner Karl Heisenberg）、玻恩（Max Born）等學者也試過以量子力學的角度來描述超導現象，但嘗試皆未果。後來突破瓶頸的人是弗羅律希（Herbert Frohlich）。他於一九五〇年指出超導現象的根本原因是來自電子與金屬原子振動的交互作用。以往的理論全都只注意到電子，但會出現超導現象的元素整體來說都具有高電阻，而電阻產生的原因正是電子與金屬原子振動的交互作用，因此弗羅律希認為兩者的交互作用和超導現象有關。

若該想法屬實，那麼金屬原子振動造成的影響應該也會顯現在超導現象上。而這項事實也在隨後的實驗中證實（同位素效應）。實驗結果顯示弗羅律希的想法基本上沒錯，為超導現象基礎理論的建立帶來莫大的刺激。而後一九五四年，超導體電子比熱的測量值也證明了超導電子的能階間存在能量差（帶隙）。對照皮帕德的相干長度來看，可以想見電子之間是藉由重力成雙成對，並降低能量而形成超導態。接下來登場的便是超導體理論的壓軸好戲——美國物理學家巴丁（John Bardeen）、庫伯（Leon Cooper）、施里弗（Robert Schrieffer）於一九五七年發表的BCS理論。該理論闡述超導體的基本原理為電子對之間的重力交互作用，為超導基礎理論競賽畫下休止符。

應用的進程

接下來我們將視角轉到超導體的應用上，這部分一樣要從歐尼斯開始談起。歐尼斯發現超導現象之後，試圖利用超導線圈製造強力磁場。由於超導電線沒有電阻，所以他推測捲成線圈並通電後可以承受無限大的電流量，並產生對應的強力磁場。歐尼斯基於這個想法，一九一四年使用鉛線圈進行通電實驗。結果當磁場強度達六百高斯、電流密度每平方毫米九四〇安培時，原本零電阻的線圈突然出現了電阻，整條線圈開始發熱、融化。他起先以為這是鉛線品質不良造成的結果，然而多實驗幾次後，他認定這是超導材料的特性。而這種性質也是超導體往後四十年都無法投入實際應用，僅被人當作物理學術研究對象的主要原因。

然而科技從來就不會停下腳步。一九五〇年代末，美國科學家孔茲勒（John Eugene Kunzler）、馬帝爾斯（Bernd T. Matthias）等人發現鈮鋯合金、鈮化錫可承受數萬高斯的磁場。這項發現令美國 Supercon 公司得以於一九六二年販售鈮鋯合金超導電線（直徑〇．二五毫米），而兩年後另一間公司西屋電氣（Westinghouse）也跟上腳步，販售比鈮鋯合金更容易加工，且臨界磁場更高的鈮鈦合金超導電線。此後開始出現大量超導線圈，主要應用於實驗室的強力磁場產生儀器。

然而人們漸漸發現將超導體做成線材、再做成線圈後，產生的磁場小得出奇，於是便開始研究超導線圈性能低落的原因。首先發現的問題在於磁通流動（flux flow）。鈮鈦合金等實用超導體皆屬於第二類超導體，前面談到藍道時也說過，第二類超導體是超導體中含有常導相的混合態。若對這類超導線材施加磁場、通電，超導體中的常導相也會帶有磁場，所以該磁場——也就是常導相的部份就會受到電力（勞侖茲力）作用而在超導體中運動。這種磁力線（磁通）於超導體內流動的現象，我們稱作磁通流動。磁通流動的情況下，動能轉換成熱能，導致超導體升溫並失去超導態。

為了阻止磁通流動發生，必須在超導體中製造許多晶格差排（錯開結晶內原子的排列）。這種做法稱作磁通釘扎（Vortex pinning），因為概念恰好很類似拿針釘住超導體，阻擋常導部分的動勢。此外也要立即排除超導體內產生的熱，避免超導體變回常導態。最好的方法是將超導電線埋進粗壯的銅條。如此一來，即便超導電線有部分變回常導態，電流也會流向銅，而產生的熱也會從銅的表面向外散逸。過程中常導相的溫度會降低，重回超導相，所以超導線圈不會完全脫離超導態。一九六五年，美國的史戴克雷

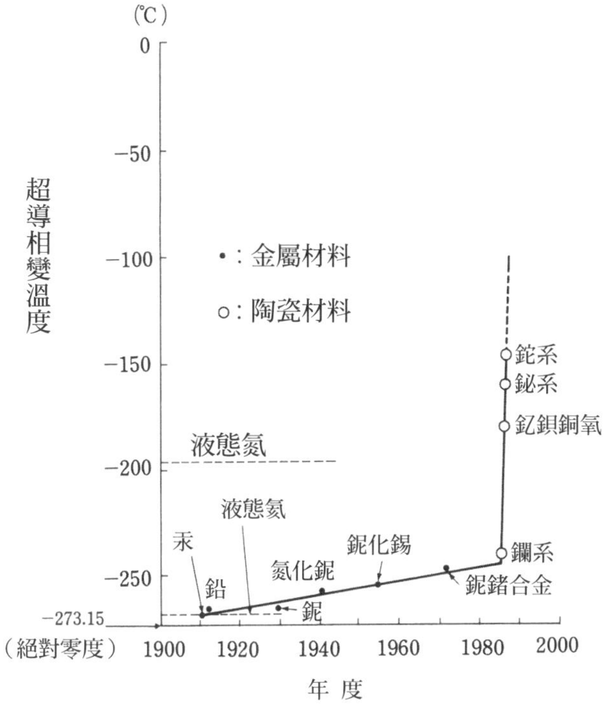

4.4　超導相變溫度的變遷

（Z.J.J.Stekly）嘗試這種做法。至一九七〇年以前，該形式的超導電線也開始受到運用。

一九七〇年，科學家為繼續提升超導電線的安定性，試著將電線芯做得更細。他們將線徑縮小到僅有數十微米（一微米＝〇．〇〇一毫米），成功提升超導電線芯整體的冷卻效率，也控制住磁場侵入電線芯表面時產生的熱。當今主流的超導電線都是這種將多條極細電線芯埋入銅、鋁等穩定材料做成的極細多芯線。

於是超導線圈跨出了實際應用的第一步，但也僅限於核融合實驗和高能量實驗等特殊領域。之所以止步於此，主要還是因為超導現象必須在零下二七〇度C的極低溫環境下才能引發，這項條件實在太苛刻了。科學家無不耗費大量心血只為提高超導相變溫度（臨界溫度），然而自從一九七三年發現鈮鍺合金可於零下二五〇度C進入超導態後，研究便遲遲沒有突破。

一九八六年，班道茲等人終於打破了這道牆。從此之後超導相變溫度的發展就如圖4・4所示，開始大幅上升，至今已經提升到一五〇度C。雖然在線材真正實用化之前還有許多待解決的課題，就像過往的金屬材料超導線材一樣，但只要活用以往的經驗，實用線材的出現指日可待。至於高溫超導的現況，容我留到第20話再與各位詳談。

第2章

超導體應用的基礎面向

「我雖然聽過、看過很多超導體的應用範例，可是背後原理好複雜，我也不明瞭為什麼非得用超導體不可。」為了解決這些朋友的疑惑，本章將列舉我認為超導體應用上特別重要的四個方面，並搭配實驗講解運用基礎概念和超導特性間的關聯。

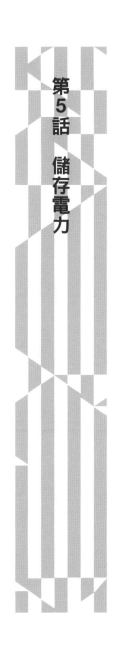

第5話　儲存電力

超導體應用技術的第一項範例，我要談談電力的儲存。電畢竟沒有形體，說要儲存也教人摸不著頭緒，所以我準備了幾種代表性的蓄電裝置（圖5・1）。首先，圖中的(a)叫作電容器，是用兩片鋁箔夾著絕緣紙，再捲繞成圓柱狀的裝置。於兩片鋁箔間製造電壓，即可儲存與電壓平方成正比的電能。我這顆是過去收音機上常見的電容器，若於電極間施加最高四五〇伏特的電壓，可累積約五卡的電。電容器發明於十八世紀中葉的荷蘭，是歷史相當悠久的一種蓄電裝置。雖然之後電器儲存的方式日新月異，但可以直接以電的形式儲存電能的裝置仍舊只有電容器。只不過電容器並不適合儲存大容量的電力。

人們為了儲存更多電，發明了這邊的飛輪電池（圖5・1(b)）和抽水蓄電裝置（圖

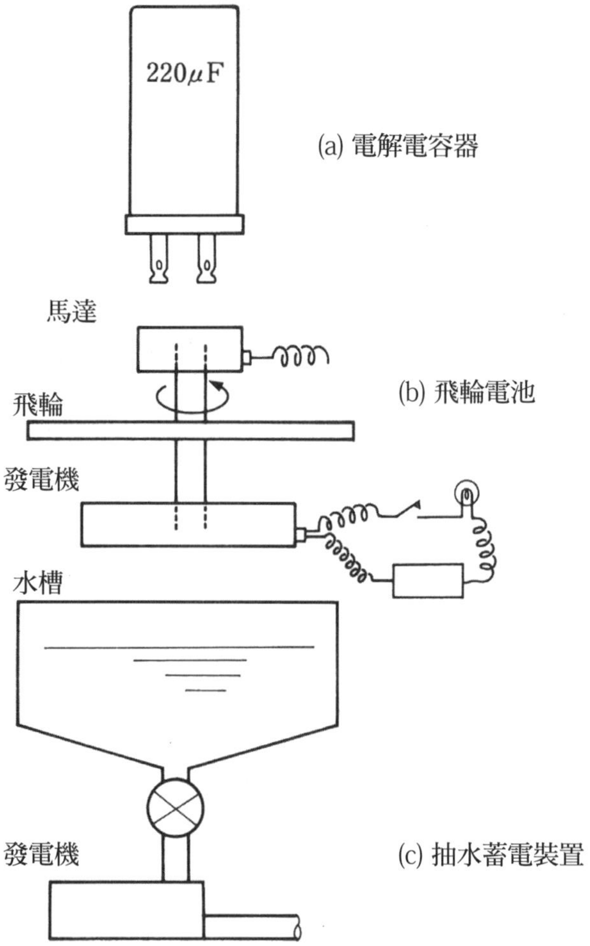
220μF
(a) 電解電容器
馬達
飛輪
(b) 飛輪電池
發電機
水槽
發電機
(c) 抽水蓄電裝置

5.1 各種蓄電裝置

5・1(c)）。飛輪電池的原理是先用馬達讓飛輪高速運轉，也就是將電能轉換成飛輪迴轉的動能儲存。當我們需要用電時再打開發電機的開關，即可利用飛輪的慣性來轉動發電機的轉子，將飛輪的迴轉動能轉換回電能。我們實際操作看看吧。這片飛輪約有一公斤重；那麼我們就打開馬達開關，將電能轉換為飛輪迴轉的動能。雖然震動的聲音有點吵，不過轉速開始上升了。飛輪具備的動能會與轉速的平方成正比。好，現在轉速來到一分鐘一萬圈（一萬ｒｐｍ）了。我們關掉馬達，讓飛輪繼續自由迴轉。下一步要打開發電機，而發電機連接著燈泡，所以燈泡應該會獲得電力並發亮。好，發電機開關打開了。瞧，燈泡亮了。這顆電池大概可以儲存五千卡的電力，所以功率一百瓦的燈泡大約可以發亮三分鐘。這種蓄電方式目前廣泛運用於電力出入頻繁的鐵路，以及需要瞬間輸出大量電力的核融合實驗儀器上。

接著來看抽水蓄電裝置（圖5・1(c)）。其原理是先用抽水泵浦將水抽取到上方的水槽儲存，也就是將電能轉換成水的位能，需要用電時再打開底部的閥門放水，轉動水力發電機的轉子，將水的位能重新轉換回電能。這種方式可儲存的電量遠超乎其他方式，現

	電容器	飛輪電池	抽水	二次電池
蓄電形式	電	迴轉運動	位能	化學能
能量密度（kacl/kg）	0.5	5	0.15（每單位重量下水位差100m）	20
儲存效率（輸出 / 輸入 %）	＞90	60～70	65～70	70～80
蓄電量	小	中	大	小～中

5.2 蓄電方式比較

在許多電力公司也都會用抽水蓄電設備儲存夜間剩餘的電力。電力公司晚上會用多餘的電力將水往上抽，當白天運作過程中需要更多電力時，就可以放水轉動水力發電機。這種系統即是一般我們說的水力發電（抽蓄水力儲能）。以上三種為物理儲電法，我們可以再加上化學方法的二次電池，並將彼此的差異統整成表5．2。二次電池就是像汽車電瓶、隨身卡式錄音機中的鎳鎘電池等可充電的電池。二次電池的能量密度相當優異，但由於儲電原理採化學反應，所以耐久度大約只可供充放電五百次，不算太好。

經過上述說明，相信各位也能理解儲存電力是多麼辛苦的一件事了。更別提現在這個電力社會，竟然仍舊只有電容器能以電的形式儲存電能，未免不勝唏噓。不過請各位放心，這時就輪到我們的「超導體」出場了。我們剛才說電容器是以電場的形式儲存能量，但其實磁場也有能量。而超導磁儲能便是利用磁場儲能的技術。

超導磁儲能裝置

超導磁儲能（SMES：Superconducting Magnetic Energy Storage）是什麼原理？其實就是第2話的永久電流模式超導線圈。線圈通電後，裝置可累積與電流大小平方成正比的電能。不過一般的銅線圈有電阻，電力會馬上耗損掉，無法長時間儲存，因此這類蓄電裝置一定得使用零電阻的超導線圈。超導線圈通電並進入第2話解釋過的永久電流模式後，電流就可以流動不息，電能便得以儲存。而我手邊這台則是事前準備用的機器（圖5．3）。準備步驟和第2話相同，將超導線圈泡入液態氦、然後通電。泡在液態氦容器（低溫恆溫器）中的超導線圈材質和第1話實驗中的超導電線相同，我將這條線

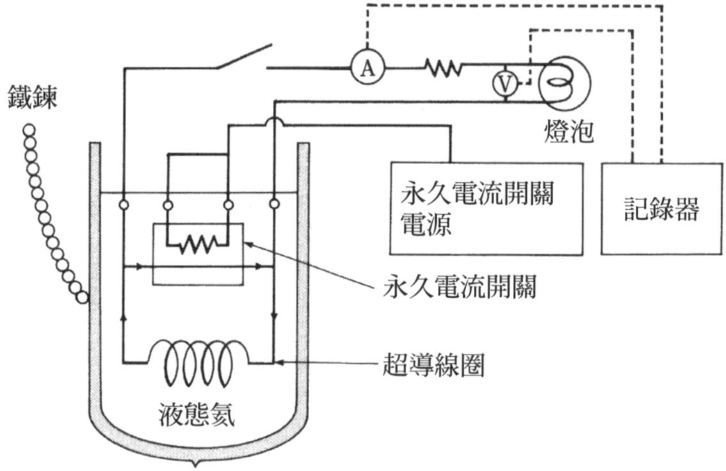

5.3　超導磁儲能裝置

捲在直徑十公分的柱體上，大約捲了一八〇〇圈。由於線圈上已流著一百安培的電流，所以鐵鍊被超導線圈的磁場吸過去了。目前超導線圈上大約儲存了一五〇卡的電力。我說的是真是假，我們可以將電取出來驗證一下。各位可以看到，超導線圈連接著燈泡，我們要和飛輪電池實驗的時候一樣將電送到燈泡上。超導線圈和燈泡的連接狀況如圖5．3所示，但由於燈泡本身有電阻，我們必須關掉永久電流的開關，否則電流永遠不會通過燈泡。關掉永久電流開關後，超導線圈上的電流就會流向燈泡並被燈泡消耗掉。

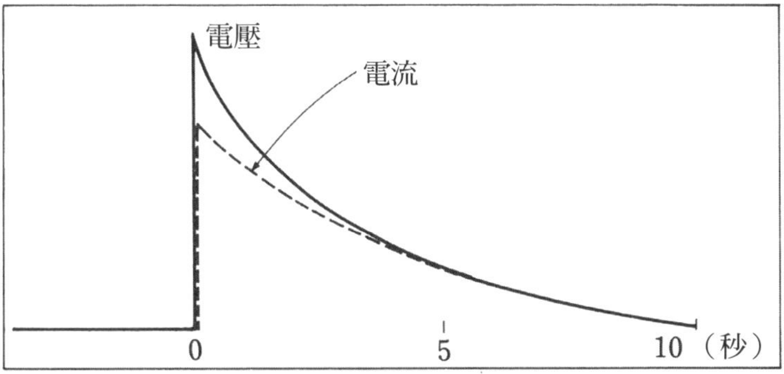

5.4　燈泡的電流與電壓特性

流往燈泡的電流大小與持續時間，取決於超導線圈的大小和燈泡本身的電阻。這個裝置的話，燈泡大概會亮五秒。一開始的光會很刺眼，然後逐漸暗下來，大約經過五秒便會完全熄滅。我要準備切掉永久電流開關了，請各位仔細看燈泡的部分。好，關掉了。燈泡清楚亮了起來。這下超導線圈上儲存的電已經耗盡，也失去了磁場，因此剛才被線圈吸過來的鐵鍊也無力垂落。

你要問我這顆燈泡耗費了多少電？計算之前得先來看看記錄器記下的電流與電壓（圖5．4）。電流×電壓可以算出功率（瓦特），而一瓦特的裝置在一秒內消耗掉的能量約為〇．二四卡，所以根據記錄……算出來大約是一二〇卡。因此超導線圈所儲存

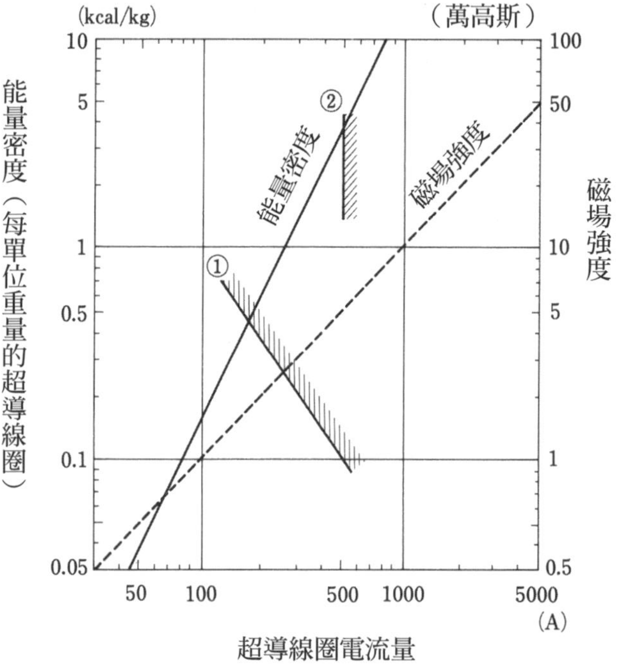

5.5 超導磁儲能裝置的能量密度試算範例

的電力有大約百分之八十轉移到了燈泡上。若要實際應用，轉換效率至少要達百分之九十，而且供電時間得再拉長一些。為此我們還需要改良永久電源開關，設法只讓超導線圈上的電流分一點出來給燈泡用。

為了評斷超導磁儲能裝置的性能，我們需要像前面表5・2一樣觀察能量密度（線圈在單位重量下的儲電量）。經過計算後可以畫出

圖5．5。線圈的儲電量與線圈電流的平方成正比，因此電流增強，能量密度也會隨之上升，但相對地超導線圈產生的磁場也會增強，降低超導線圈所能承受的電流上限值。圖中的①就是剛才實驗中那條鈮鈦合金超導電線的電流限制，電流無法比陰影線部分還要高。因此能量密度為〇．五 kcal/kg，和電容器不相上下。

至於②則是我利用外推法，取開發中的高溫超導線圈實驗數據所計算的結果。可以看到高溫超導體在三十萬高斯以上的高磁場中，超導電線上的電流密度也不會降低（以液態氦冷卻的前提下），能量密度約為三～四 kcal/kg，性能上比鈮鈦合金導線多了一個位數，相當接近飛輪電池的效率。單論儲電效能還有適用大容量儲電等優點，現有的鈮鈦合金導線基本上已經足以取代抽蓄水力發電。高溫超導體技術若足夠成熟，也可以取代飛輪電池。不過超導線圈通電時本身也會承受膨脹壓力。詳細原理第7話會再說明，總之若超導磁儲能裝置規模非常大，那麼超導線圈承受的膨脹壓力也會相當可觀，因此也有人提出利用地下岩盤支撐的方法。總之超導磁儲能的技術還有許多待解決的實際問題。

超導磁儲能技術還可以應用於電子元件。但功用不是儲存電能，而是當作電子訊號的記憶體。方法是讓電流持續往左或往右流經線圈，需要用時再讀取。某些實驗室也已經開始嘗試製作使用這類記憶體的超導電腦了。

最後我們來談談超導線圈究竟都將電能儲存在哪了。我想回答空間會比較準確。這個概念最早是由法拉第於一八三〇年代提出，而後由馬克士威整理出一套有系統的理論。

根據他們的想法，在B萬高斯的磁場中，一立方公尺的空間內儲存了約100×B^2千卡的電能。假設磁場強度為十五萬高斯，空間大小為一公升，則該磁場空間儲存了約二十三千卡的電能。正因為空間中有能量，第6話之後要談論的發電和作用力才有可能成真。前述的電容器也是將能量儲存在空間中的電場，電場強度E萬kV/m的能量為每立方公尺0.1×E^2千卡。譬如說五十萬kV/m的空間中，每公升的能量就有〇・二五千卡。這代表現今技術水準下，磁場的儲能容量比電場多了將近一百倍。

若想要以電的形式儲存電能，超導磁儲能也是目前最有效率的方法。尤其若未來發現室溫超導體，超導磁儲能的用途也會更為廣泛。我已經等不及迎接那天的到來了。

第6話　產生電力

本節要從電磁學基礎開始講起，也就是磁的基本（磁荷）和電的基本（電荷）。先從磁荷開始，我今天帶的這根磁鐵兩端就有磁荷的存在。請看圖６．１ａ，我將一片薄薄的塑膠墊蓋在磁鐵棒上，然後灑上鐵粉，結果出現了這般漂亮的紋路。出現這個紋路代表空間處於一種特殊的狀態，我們稱之為磁場。這些鐵粉連成的線稱作磁力線，磁力線密度（單位面積內的線數）代表了磁場的強度。至於產生這種磁場的東西，就是磁荷。

電荷也是相同的概念。請見圖６．１ｂ，如果在這邊擺一個正電荷，例如質子（氫離子），而另一邊擺一個負電荷，比方說電子。如此一來便會出現類似磁力線的電力線，並形成電場。

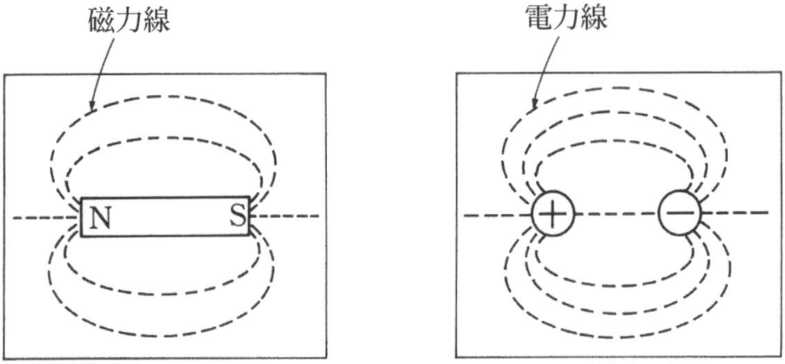

(a) 磁荷與磁場　　(b) 電荷與電場

6.1　磁荷、電荷

那麼人類是什麼時候發現了磁荷和電荷？各位聽了別驚訝，其實古希臘時代的人就發現了。磁荷的部分，當時的人發現磁鐵礦會吸附鐵，而且用磁鐵礦製成的指針會指向南北方位。他們對這種性質興味盎然，用magnetism（磁性）來形容該現象，而這個字源自磁鐵礦的產地Magnesia（小亞洲）。至於電荷的部分，他們發現琥珀摩擦後會產生吸引力，並對這種現象產生了興趣；因此英文的電electricity其實藏著希臘語的琥珀elektron。然而當時的人也僅是對這些現象感到好奇，距離用科學方法解釋還有相當長的一段路要走。

電磁現象正式成為研究對象則要等到文藝復興時代科學革命以後，而開闢該領域研究的先驅是英國物理學家吉爾伯特（William Gilbert）。他在著作《De Magnete》

（一六〇〇年）中描述磁極成對存在，以及各種物質的摩擦靜電強弱。從此之後科學家開始透過實驗解開電磁現象的謎團，並於一七八五年發現了沿用至今的知名法則：庫侖定律。庫侖定律闡明，兩電荷及兩磁荷間的交互作用力與距離平方成反比。不過當時的科學家依然認為磁荷歸磁荷、電荷歸電荷，磁荷只負責建構磁場，而磁場僅作用於磁荷。同樣地，電荷只負責建構電場，且電場僅作用於電荷。

磁場是由電荷產生的

後來伏打於一七九九年發明電池，人們獲得了恆常流動的電荷，也就是電流。於是科學家觀察到電荷的流動竟然會受到磁荷的力作用。經過進一步的研究，終於發現原來磁場是電流所產生的（一八一九年，厄斯特）。簡單總結當時的發現，就是「靜止的電荷僅會產生電場，但當電荷開始運動便會產生磁場」。然而運動是相對的現象，因此即使電荷靜止不動，觀測者若跑動也會感受到磁場。

這項發現說明了電場與磁場，也就是電荷與磁荷的關係密不可分，相信也有人直覺認

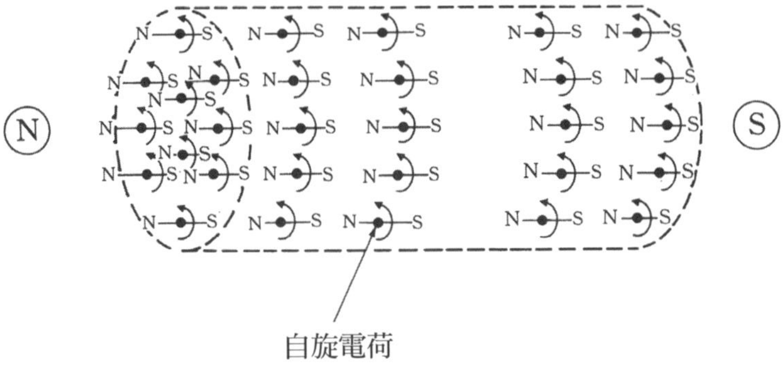

6.2 磁鐵棒的微觀模型

為兩者可能本來就是一樣的東西。事實上正是如此，世上根本就沒有磁荷這種特殊的東西，起碼目前實驗上並未發現，理論上來說磁荷也沒什麼存在的意義。因此我們可以直接將以往人們以為是磁荷的東西視為運動電荷。比如說剛才那根磁鐵棒，科學上也已經證明內部是圖6．2這種自旋電荷的集合體。聊到這裡，各位或許已經察覺，磁荷的正極（N極）與負極（S極）必定成對存在。如果說磁荷即是運動電荷，那這也是理所當然的現象。假設有人發現一塊只有N極的磁鐵，肯定可以拿下諾貝爾獎。

磁荷會產生電嗎

我們再次將時代拉回十九世紀。剛才說科學家發現

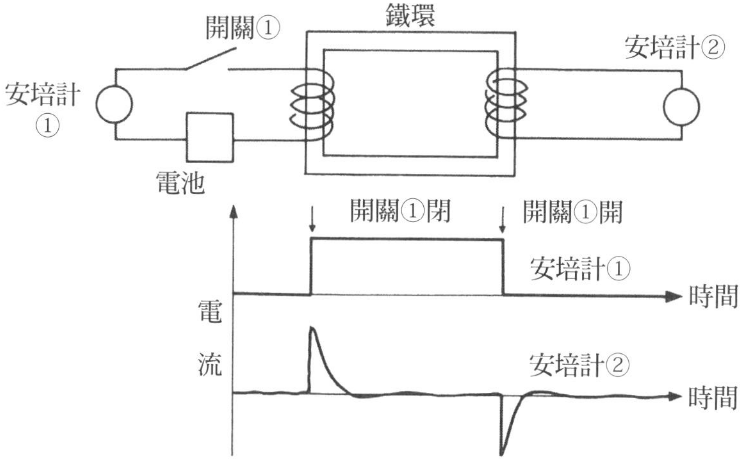

6.3　法拉第的發電實驗裝置

電荷會產生磁場，而到了一八二〇年也確立了其計算方程式（必歐・沙伐定律）。此後科學家的興趣與必歐・沙伐定律背道而馳，開始研究如何以磁荷產生電。歷史上無數科學家都嘗試過以磁荷發電，其中電流單位上的那個安培也曾發表學說，表示在磁鐵外纏繞的線圈上檢驗出了電流。但不久後人們就發現這項理論是錯的，因此學說遭到駁斥。而我們提過不知道多少次的法拉第也對磁轉電抱持強烈的興趣。他曾使用圖6・3的裝置進行實驗，試圖按下開關①來磁化鐵環，並藉由強力的磁荷讓右方電路產生電流，不過也以失敗告終。

但當他重複實驗幾次後，發現開關①打開、

閉合的瞬間，右側的安培計指針會抖動一下。這個現象完全出乎法拉第的意料，他起初還以為是自己做實驗做到眼花，後來又反覆操作了幾次，發現指針還是會突然抖一下。法拉第原本期待圖6・3的裝置可以藉由穩定的磁場產生穩定的電流，然而結果卻是無心插柳柳成蔭。總而言之，距離必歐・沙伐定律提出以來又過了十一年，法拉第成功於一九三一年以磁生電。

法拉第的發現看似意外，但仔細想想卻相當合乎邏輯。我這麼說吧，必歐和沙伐當初發現運動電荷（即電流）會產生磁場，而靜止電荷不會。那麼反過來說，會產生電的應該也不會是靜止磁荷，而是運動磁荷。法拉第的發現正是如此。當開關①打開瞬間，磁場產生了變化，也只有在這個時候會產生電。法拉第發現這個現象後嘗試讓磁鐵棒進出線圈，並確認此舉會產生電流。他闡述該現象是磁力線（圖6・1）穿過線圈時於線圈上造成電壓所致，並認為包含磁力線的磁場空間是存在的。這個想法影響人們直到今天。

另外，發明了真空管的英國電氣工程師弗萊明（一八四九～一九四五年），將法拉第的發電原理整理成簡單易懂的「右手定則」。請各位把右手借給我，握拳後豎起拇指、食指、中指且三指互相垂直。食指代表磁場方向，此時若將銅線往拇指的方向移動，銅線內便會產生中指方向的電流。各位千萬別和左手搞混，否則電流方向可就顛倒了。

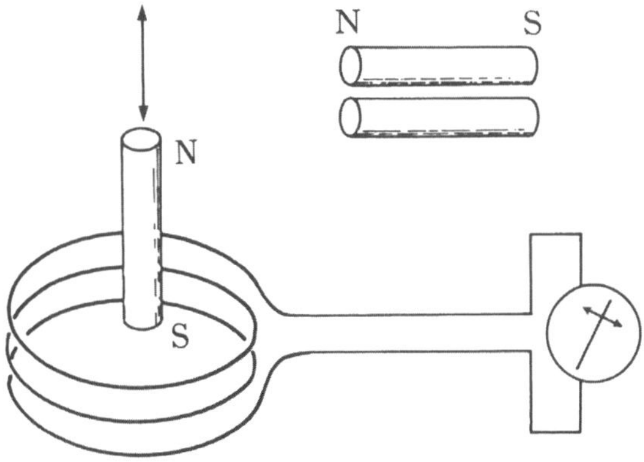

6.4　常導體線圈的發電實驗

為了驗證法拉第的發電實驗，我準備了磁鐵棒、電線線圈和安培計（圖６．４）。當我將這根磁鐵棒放入線圈時，安培計的指針會晃動一下。若磁鐵棒緩緩放入線圈，指針晃動的幅度也很小；若快速放入，指針也會大幅晃動。假如將三根磁鐵捆起來一起放入線圈，安培計的指針則會大晃特晃。這代表磁力線的變化量與變化速度，也就是穿透線圈的磁力線變化率會使線圈產生等比的電壓。這種現象稱作電磁感應，而線圈所產生的電壓稱作感應電壓。同時線圈當中也會產生與感應電壓大小成比例的電流，這我們在第２話中也提過。那麼又為什麼感應電壓造成的感應電流那麼少，只足夠讓安培計的指針顫動一下呢？難不成真的沒辦法像法拉第當初所預測的一樣，利用感應電壓獲得穩定的電流嗎？

其實以現代技術來說是可能的，只要使用超導電線線圈。剛才實驗中的電流之所以一閃即逝，是因為線圈上有電阻。即使磁鐵棒進出線圈且成功製造了電流，電流（自由電子流）也會撞上線圈的原子而停止運動。因此若使用零電阻的超導體製作線圈，我們只需要操作一次磁鐵棒，電流就會持續流動。聽起來雖然很像什麼裝神弄鬼的永動機，不過我們第2話也已經做過永久電流的實驗了，相信各位應該能理解箇中道理。

超導發電機的實情

然而永久電流是因為沒有使用才得以永久存在，如果用於其他東西上，當然馬上就不見了。因此為了取得源源不絕的電流，永久磁鐵必須不斷進出線圈。比較簡單的做法是像圖6．5一樣讓永久磁鐵持續旋轉。若採取這種作法，那麼常導體環也可以連續產生電流。只要轉動裝置上的永久磁鐵，電流就會像圖上畫的一樣呈現海浪般的波動。這種

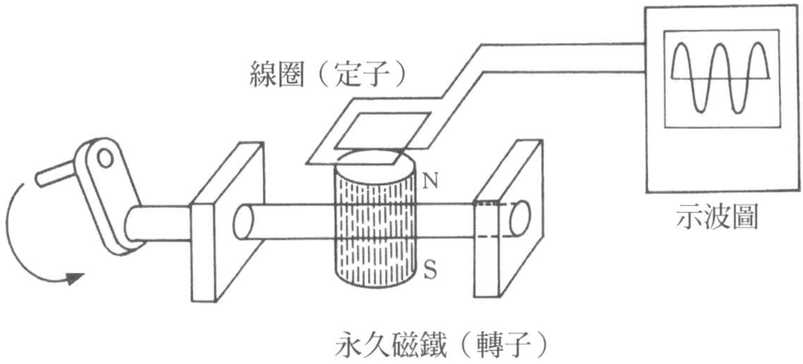

6.5　發電機的原理

電流形式稱作交流電，變電所輸送到各個家庭的電都屬於交流電。至於發電設備（圖6．5）上永久磁鐵的部分，日本關西地區是一秒轉動六十圈，而關東則是一秒轉動五十圈。

如圖6．4的說明，只要改變旋轉的永久磁鐵強度，發電量也會隨之改變。因此現實中的發電機為了隨時調整發電量，用的不是永久磁鐵而是電磁鐵。而為了以更小的體積發最多的電，必須加強旋轉電磁鐵的磁場。因此科學家開始嘗試用超導線圈來取代電磁鐵。據說若使用超導線圈，可以將這類型機器的體積縮小為原本的四分之一。目前各國都在開發超導發電機，希望二十一世紀初人類可以享受超導發電的成果。

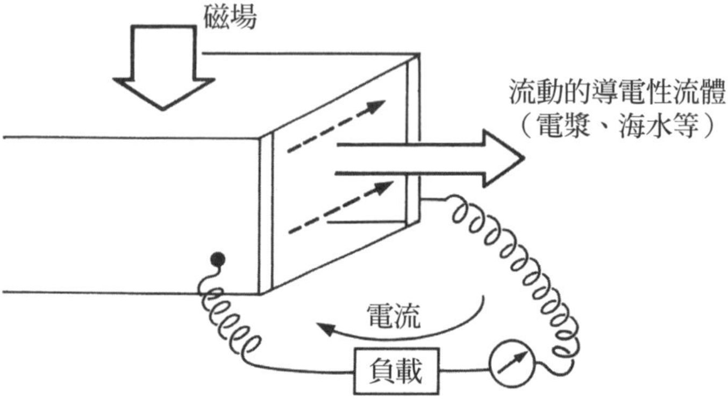

6.6 MHD發電原理

既然變動磁場即可發電，而運動又是相對的狀態，那麼動的不是磁鐵是線圈也無妨。ＭＨＤ發電（磁流發電）就是最具代表性的例子。這種發電裝置如圖６．６所示，當導電性流體（相當於線圈）穿過一固定磁場，流體中便會產生電壓。這時電壓強度與磁場強度、流體流速成正比。一般ＭＨＤ發電的流體會使用燃燒煤炭所產生的氣體，但不是非得使用流速如此之快的氣體，也可以利用太平洋對岸流過來的黑潮等洋流。只是流體速度慢的話，便需要設法擴張磁場作用範圍。但這個問題也可以靠超導線圈解決。黑潮發電廣義來說算是一種太陽能發電，因為電能是由洋流的動能轉換而成。圖６．７即是利用黑潮的ＭＨＤ發電裝置構想。

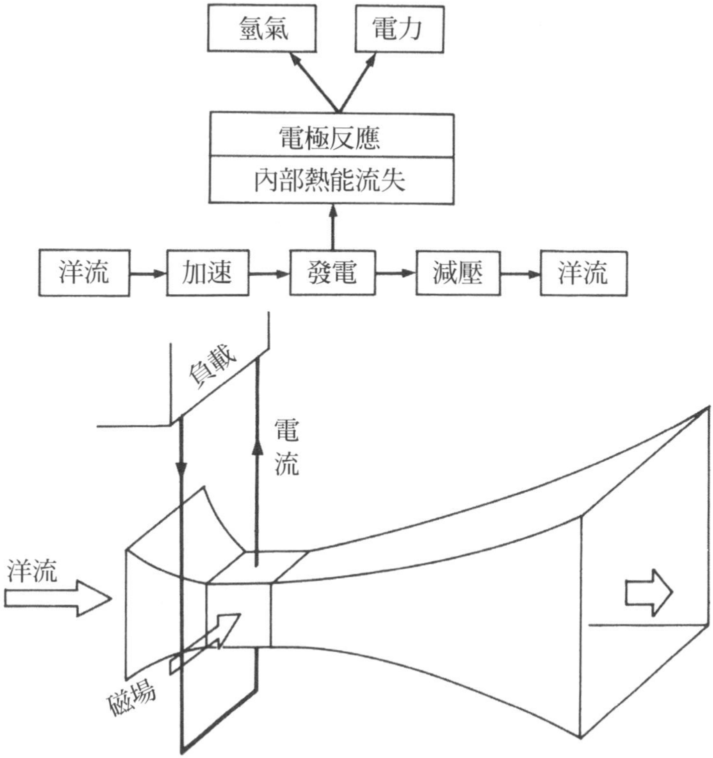

6.7　洋流 MHD 發電概念圖

　發明了發電裝置原理的法拉第，其實還懷著更遠大的抱負。他曾想利用英法間多佛海峽的洋流與地球磁場進行自然發電。但實際計算之後發現多佛海峽僅能產生一伏特的電壓，且地表磁場強度僅有〇・二高斯，實在太微弱了。若此處磁場有一般永久磁鐵可輕鬆達到的一千高斯左右，那麼多佛海峽便可產生高達三千伏特的電壓。

第7話　產生電磁力

我們可以透過兩種方式生成電磁力，一是固定磁場，二是變動磁場。先介紹使用固定磁場的方法。一開始先來看看電磁力造成的其中一種現象。這裡有一條電線，就是一般家庭裡常見的那種電線。我要將電線兩端連接電池，瞬間施加極大電流。如此一來會發生什麼事？依照各位過去的經驗，可能會回答：不會怎麼樣，頂多發熱。但其實還會發生更不得了的事情。那我打開電源囉。各位可以看到（圖7・1），原本癱軟的電線突然張開變成了一個圓圈。這條電線絕對沒有任何機關，只是通了電就變成這個樣子了。

以固定磁場產生電磁力的原理

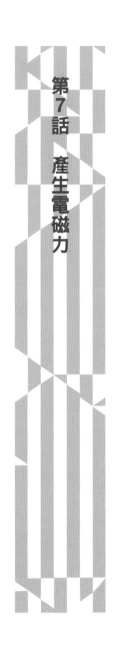

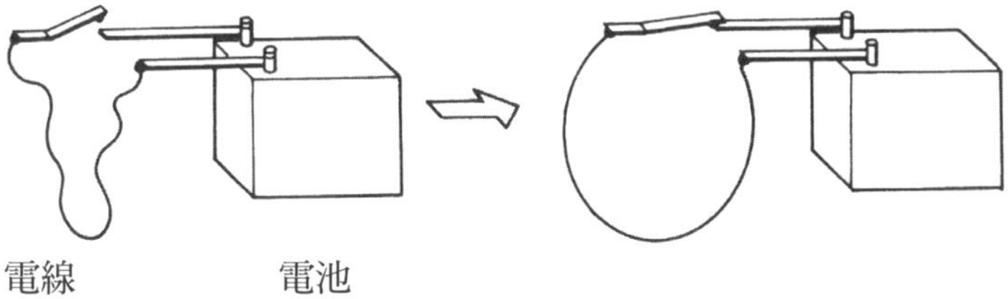

7.1　電磁力的範例（張開的電流迴路）

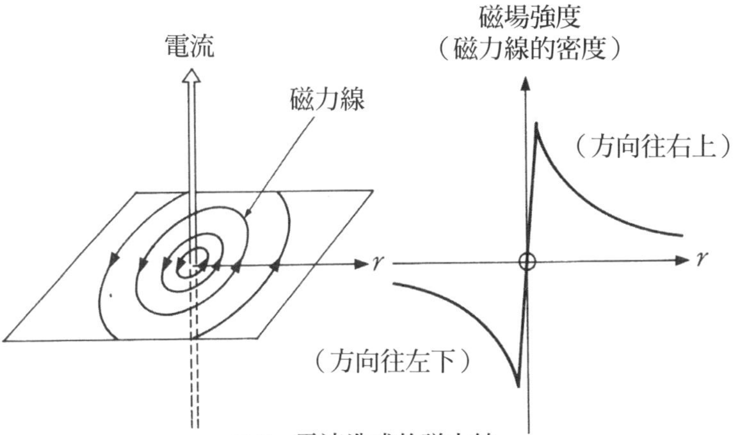

7.2　電流造成的磁力線

怎麼會產生這種現象呢？其實是因為第6話提過的磁力線。電流會產生圖7．2的磁力線，而磁力線的方向會與電流方向垂直並呈現逆時鐘旋轉。假設電線為一條無限長的直線，那麼磁力線離電線愈遠，數量也會遞減。該磁力線分布的空間即是磁場，而單位面積的磁力線數量即代表磁場強度，單位是高斯。地球磁場的強度約為〇．二高斯；我們身邊那些養生磁鐵產品或白板的磁鐵則大約是五百～一千高斯。

磁場具備以下兩個特殊性質（圖7．3）。

①磁力線會產生垂直方向的膨脹壓力，其力量與磁場強度平方成正比。

②磁力線會展生水平方向的收縮壓力，其力量與磁場強度平方成正比。

因此假設兩條平行的電線流著相反方向的電流，圖7．2的磁場強度便會疊加，形成圖7．4的磁場分布狀況。兩條電線之間的磁場相加，形成更強力的磁場，但兩線之外的磁場強度則會相減，造成電線間磁場的膨脹壓力比外側的膨脹壓力來得大，因此電線會往外側張開。一開始示範給各位看的那條電線也是因為相同的道理，線圈內磁場的膨脹壓力造成電線向外撐開，而這股壓力和電線本身的張力達到平衡。磁場的膨脹壓力具體來說有多大？假設磁場的強度為五萬高斯，壓力大約會是一百大氣壓。倘若電線張開的圓圈直徑為三十公分，電線（銅線）的截面高為一毫米，那麼電線承受的張力就有一五〇公斤重。銅線至少要加粗至五毫米才不會被扯斷。由於磁場的膨脹壓力與磁場強度的平方成正比，因此若磁場為二十萬高斯，壓力就會變成十六倍，如果不使用高強度

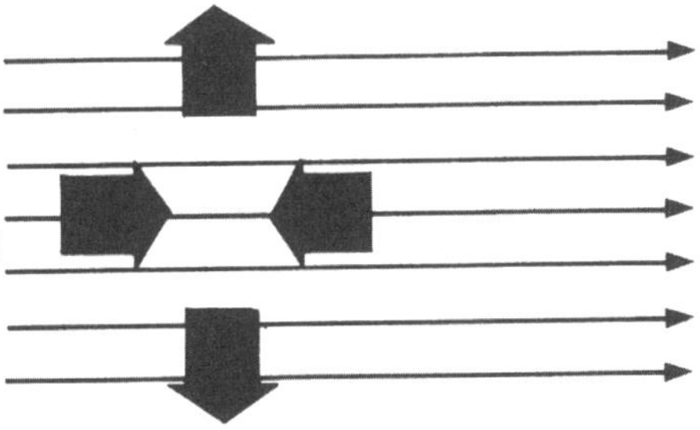

7.3　磁場的性質

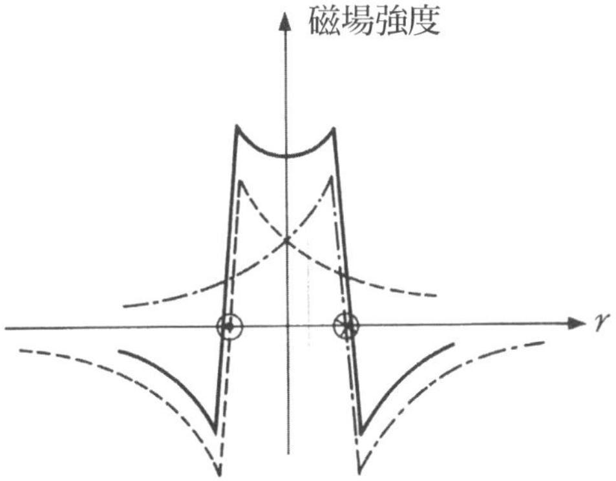

7.4　兩條平行電線產生的磁場

的不鏽鋼或玻璃纖維強化樹脂（G－FRP）補強電線，整條電線都會被扯斷彈飛。磁場的膨脹壓力就是這麼大。

雖然銅線圈被扯斷的話事情就大條了，但我們其實也有辦法運用這股力來推動物體。請見圖7・5的實驗裝

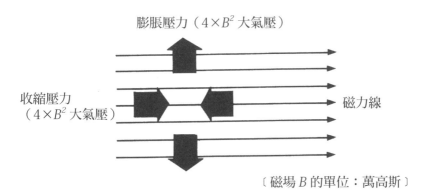

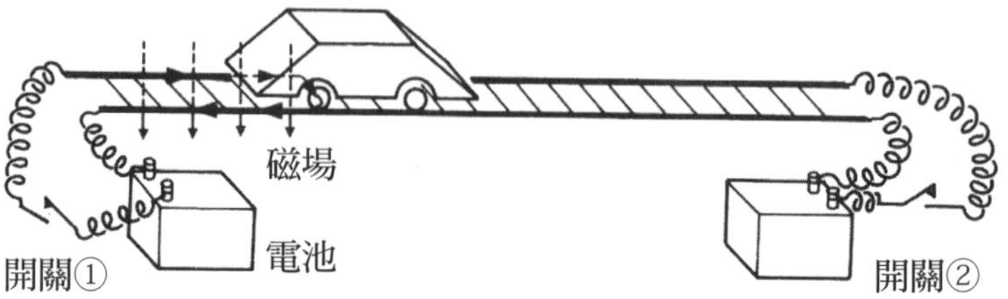

7.5　電磁力實驗裝置

置。裝置中的兩側軌道是用銅做的，車輪和車輪間的連桿則是不鏽鋼製。兩軌道透過車輪和連桿相接，通電時兩軌道和車輪、連桿會形成一個與剛才實驗相同的電流迴路。各位可能會想，如果通電的話電流迴路又會像剛才一樣變成圓圈狀。不過這次不會，因為兩條軌道已經被枕木緊緊固定住，無法輕易移動。最後會動的就只有車輪的連桿，連帶著整台車也被磁場的膨脹壓力向右擠壓，結果就是車子往右邊跑動。

按下裝置的開關①，圖上左側的電流迴路就會產生膨脹壓力，將車子推向右邊；而按下開關②的話則是右邊的電流迴路產生膨脹壓力，將車子向左推。說了這麼多，不如直接示範給各位看看吧。好，按下開關①。叩囉叩囉叩囉……車子跑得很順呢。接著我們換按下開關②。車子又退回原本的位子了。像這樣利用磁場的膨脹壓力，就可以輕鬆移動車子。這就是電磁力。

雖然目前為止我們探討的都是單一電流迴路的情況，但其實軌道和車體分別屬於不同電流迴路也沒關係。比方說這台車另外搭載一顆電池替車輪連桿通電也行。我這邊準備了另一台車，車輪是塑膠製的，所以軌道和連桿之間不會有任何電流；連桿部分是由車體內的電池負責供電。我將車子挪到軌道的中間位置，按下開關①。看好囉。開。叩囉、叩囉、叩囉……車子跟剛才一樣開始動了。但因為車上載著笨重的電池，加上連桿的電流太小，因此車子也跑得沒有剛才快。

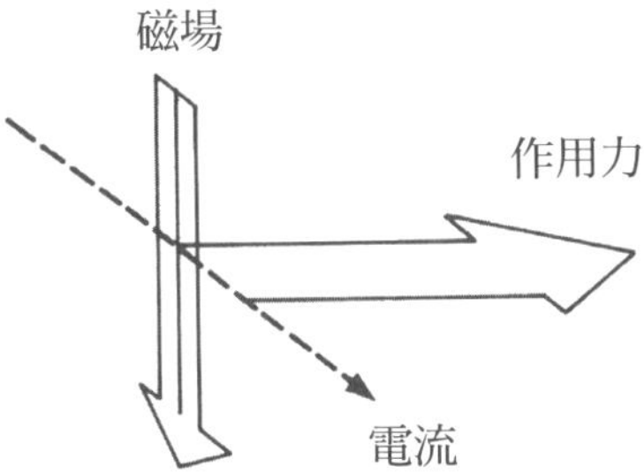

7.6　弗萊明左手定則

推動這台車子的力量來源和圖7．5的實驗一樣是膨脹壓力，而這份作用力來自軌道電流產生的磁場與車輪連桿上電流產生的磁場。只不過鐵軌電流的磁場看起來阻礙了電池提供連桿的電流。這個現象可以整理成圖7．6，也就是知名的弗萊明左手定則。這和第6話介紹的右手定則（發電）是

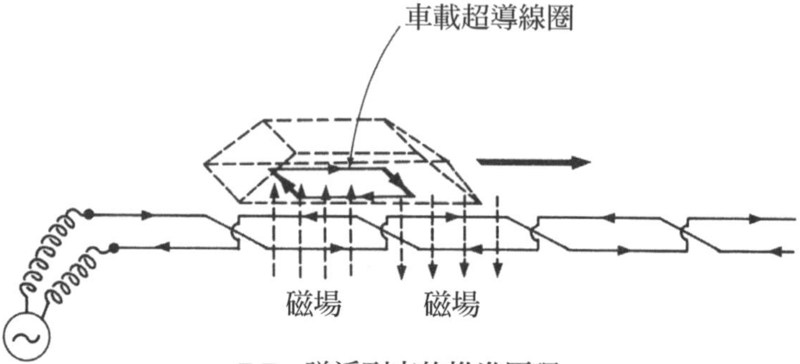

7.7 磁浮列車的推進原理

一組的。左手定則中每根手指代表的意義與右手定則相同，但左手定則的目的是用於判定最後發生的運動方向（拇指）。簡單來說，就是會出現一股方向與磁場和電流方向皆垂直的作用力。而該電線（本次實驗中的連桿）每公尺所受到的作用力大小為〔磁場強度〕×〔電流大小〕。比如說現在的磁場為十萬高斯、電流為一千安培，那麼電線每公尺就會受到一噸重的巨大力量作用。

現在話題最火熱，號稱東京、大阪單趟車程只需要一小時的磁浮列車也是根據弗萊明左手定則行進。這輛中央新幹線列車據說時速預計可達五百公里。要以如此超高速行駛，勢必需要偌大的推進力。假如使用剛才實驗中那種車上裝電池的方法肯定不夠力。為了獲得足夠大的電流且避免耗損，我們需要在車體上搭載流著永久電流的超導線圈。超導線圈不僅可以乘載極

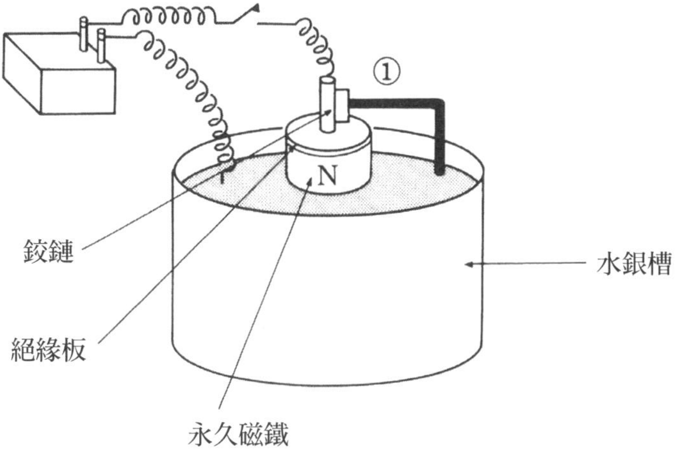

7.8　法拉第的電動機

大電流，而且還很輕便，是超高速磁浮列車不可或缺的重要裝置。

只不過車體搭載超導線圈時，線圈前端的電流是朝著我們所在的方向流過來，而後端的電流則是向對面流過去，所以根據弗萊明左手定則，施加於兩端的磁場方向也必須相反，前端施加向下磁場、後端施加向上磁場，作用力才會統一朝向前方。為了產生對應方向的磁場，地上鐵軌狀的電流迴路形式可不能像圖７．５那麼簡單，必須設計成圖７．７這種麻花似的造型。而且當超導線圈前進穿入地面電流迴路的下一節位置時，線圈會受到相反方向的磁場作用，形成類似煞車的力量，所以鐵軌狀電流的方向也必須反轉過來。

因此鐵軌狀電線的電要採交流電形式，利用改變頻率來控制列車的速度。假設超導線圈的長度和鐵軌電線一節的長度皆為兩公尺，那麼就可以產生三十五赫茲、時速五百公里的速度。

這裡我們又要拿出另一個玩具了（圖7・8），這是法拉第一八二三年做出來的裝置。第6話時我們說法國科學家必歐和沙伐發現電流會產生磁場，而他們之所以能發現這個現象，其實最早是因為他們注意到電線通電時，放在一旁的指北針會抖動。於是法拉第打算反過來利用磁鐵移動電線，在一番苦思冥想之後做出了這項簡易的裝置。他將磁力很強的永久磁鐵泡在水銀裡，磁鐵頂端用鉸鏈固定並連接電線。

若於鉸鏈和水銀間裝上電池，電線①上就會有電流通過。將電流和永久磁鐵的磁場套用弗萊明左手定則，電線會怎麼運動？我們按下開關試試。好，可以看到電線以磁鐵上的鉸鏈為中心開始轉動了。這不就是馬達嗎？剛才磁浮列車軌道上那種行直線運動的馬達稱作線性馬達（linear motor），而法拉第的這項裝置則稱作旋轉馬達（rotary motor）。

法拉第的想法，在做出這項裝置後有了莫大的轉變。他想：「我雖然試著將必歐、沙

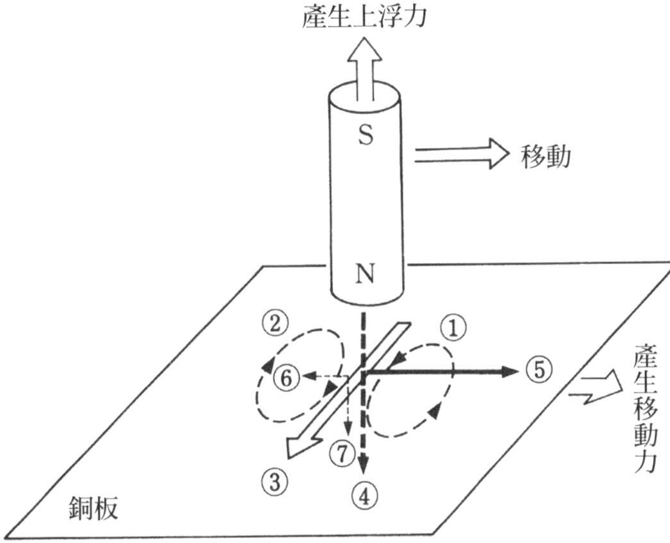

7.9　移動磁場時產生力的原理

伐的發現（用電流移動磁鐵）反過來運用，但馬達顯示的結果並非該發現的相反現象。用磁鐵產生電才是。」於是就如我們第6話所說，他在一九三一年成功以磁生電。發明了馬達和發電機的法拉第，可謂現代電力社會之父。

以移動磁場產生的電磁力

接著我們談談移動磁場時所產生的電磁力。其實道理和第6話以及剛才談論的內容一樣。第6話我們說當一個導體碰到移動的磁場，根據弗萊明右手定則，導體中會產生電流。剛才也說當磁

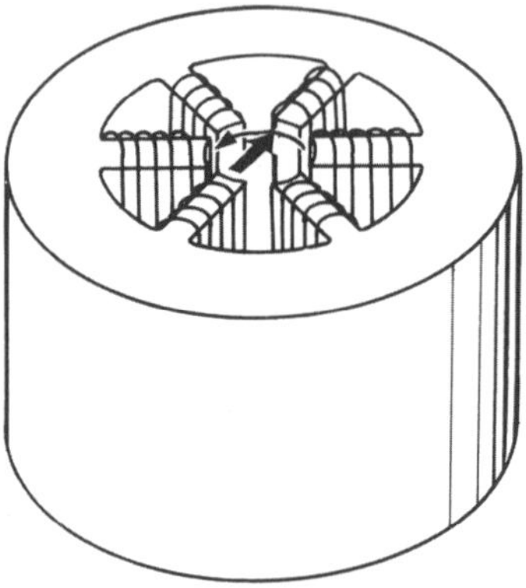

7.10 迴轉磁場生成裝置

場與電流發生時，根據弗萊明左手定則，電流會受到一股作用力。而接下來要談的是——當一導體碰上移動的磁場，導體中會產生電流，且移動磁場對該電流產生作用力的現象。簡單整理一下：當移動磁場與導體存在，則會有一股力作用於導體上。這個現象可以畫成圖7．9的模型。

假設我將銅板上方的磁鐵棒由左往右移動，那麼磁鐵前進方向的空間為了對抗增強的磁場，會在銅板上產生電流①以製造相反方向的磁場。至於磁鐵棒背後的空間則會為了彌補減弱的磁場，在銅板上產生電流②以製造與磁鐵相同方向的磁場。這時電流①和②在磁鐵正下方的位置會形成方向相同的電流③。根據弗萊明左手定則，磁場④作用於電流③會產生電磁力⑤。換句話說，銅板會受到與磁鐵移動方向相同的作用力。而利用此原理產生作用力的裝置便稱作感應馬達（induction motor）。

我想做個實驗來證明這項理論。剛才一直放在旁邊的這顆東西就是迴轉磁場生成裝置（圖7．10）。兩兩相對配置的鐵芯上皆纏著線圈，若以固定時間差輪流對這些線圈通電（三相交流），裝置內部的磁場就會繞著圓柱中心軸迴轉。磁場的迴轉速度依三相交流電的頻率而定，六十赫茲的交流電可以產生每秒迴轉三十圈的磁場。那我就打開開關，生成迴轉磁場。可以聽到一些嗡嗡聲，使用交流電的機器才會有這種聲響。因為磁場不停變動，作用於各個線圈的電磁力也不斷變化，所以才會發出這種震動聲。

現在我將一根塑膠棒放入迴轉磁場，感覺不到塑膠棒有任何變化。因為塑膠是絕緣體，所以當然也不會產生感應電流。接著改放入不

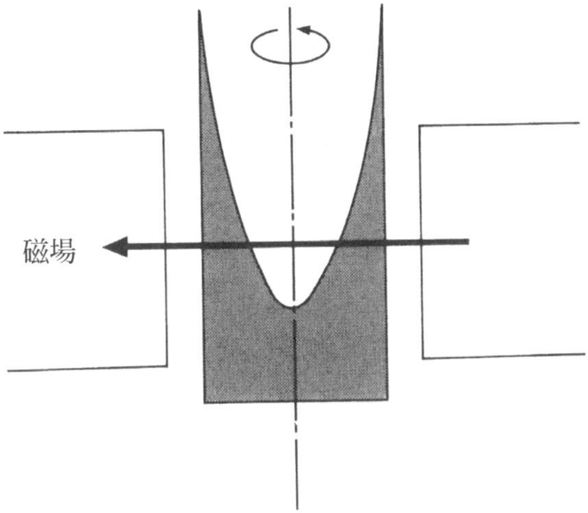

7.11　液態金屬迴轉的模樣

鏽鋼管。迴轉力滿大的，但用力一點還是握得住。不過只要我稍微鬆開手，不鏽鋼管就會在我手中轉動。接下來換銅管。哇！這轉得可厲害了，以我的手勁實在沒輒。即便我握得再緊，銅管還是從我手中滑開，再握下去我的手皮都要被擰下來了。而且它還開始發熱。受不了，我要關掉電源了。真是教人吃驚，如果再晚一步關掉電源我的皮都要掉了。之所以銅管上作用的電磁力特別強，是因為銅管電阻小、感應電流更順暢。從這項實驗也能了解誘導電流受到的電磁力作用。

我們接著用同樣的裝置做另一項可以更清楚看見迴轉模樣的實驗。我將剛才法拉第馬達實驗中的水銀裝進這座玻璃筒，然後放入迴轉磁場。結果怎麼樣？各位可以看到水銀開始轉動了。液體旋轉時會產生離心力，圓心的部分會凹陷（圖7．11）。我再加強迴轉磁場，水銀的旋轉速度變得非常快。瞧，圓心部分明顯凹陷，在周圍漲起了一道圍牆，都快濺出容器了。這項裝置的功用其實就是旋轉液態金屬，而且還不是水銀，而是鋼液，也就是熔化的鐵。鐵在凝固時結晶會朝著中心發展，導致中心形成小窟窿。但只要將凝固過程中的鐵置於磁場，利用鋼液的旋轉力斷開針狀結晶，就能避免中心出現孔洞，做出質地均勻的鐵。近年來很多地方都是利用這種方式製鐵，我們生活周遭的鐵製品也大多出入過迴轉磁場。

藉由移動磁場產生電磁力的方法最大的特色，就是受力物體不需要通電。只要施加移動磁場，導電體便會朝著磁場方向移動。當我們要讓海水之類混合導電性流體產生力時，就可以善加利用這項特性。畢竟要從外部供給海水電流，得先在海水中放入正負兩極的電極板，將電子從陰極送入海水；而電極板表面產生化學反應，陰極部分產生氫氣，而陽極則會生成氯化物。若試圖以固定磁場讓海水產生作用力，一定會伴隨以上化學反應。但利用感應電流則不需要直接通電，也就沒有電極反應的問題。這種方法只是藉由磁場移動製造感應電壓，並讓海水中原本的鈉離子（Na^{+}）與氯離子（Cl^{-}）左右移動產生電流。

既然我們已經了解移動磁場方式最大的優點，接著就來看看另一種應用的範例：磁浮。

為此我們要再回到圖7．9。前面我們說銅板中央處會出現感應電流③，而就在下個瞬間，銅板上方的磁鐵棒又稍稍往右移動了一點，因此電流③受到了磁鐵產生之橫向磁

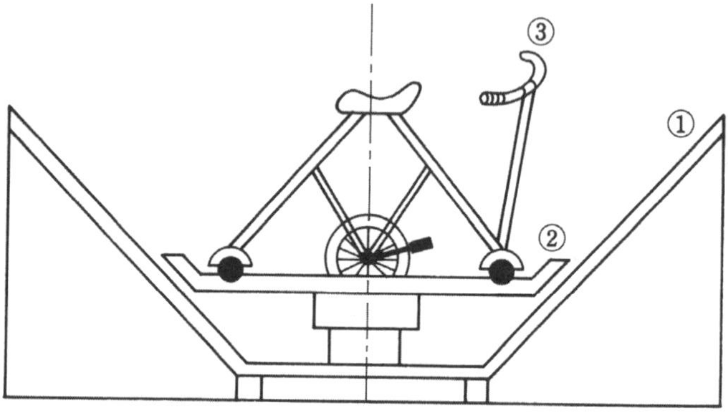

7.12 漂浮式健康器材

場⑥作用。將磁場⑥和電流③套入弗萊明左手定則，可以知道感應電流（銅板）會受到向下的作用力⑦，同時其反作用力會作用於移動的磁鐵，給磁鐵一股上浮力。

我準備了一項利用磁浮原理的裝置。這是最新型的健康器材，我相信這種器材遲早會大行其道。這東西只要踩動踏板，腳踏車就會漂浮起來（圖7．12）。

先簡單說明一下這個裝置的構造。我們踩動踏板時會轉動這塊圓盤②，當圓盤轉速增加，便會產生浮力，漂浮高度則會顯示在數位錶③。如果認真踩，最高可以漂浮到一公尺高。那麼我們請這位朋友坐上來騎看看。圓盤轉速開始上升了，不過還沒浮起來。待會飄浮後就不會這麼吵了。要準備浮起來囉，再加把勁。哦！飄起來了。現在大概才飄起一公分高而已。使勁踩、用力踏。愈來愈高囉。十五公分了。好！可以停下來了。謝謝這位朋友出力幫忙，你看起來好像也瘦了一點呢。如果是滑冰選手橋本聖子，應該可以輕輕鬆鬆就可以踩到一公尺高吧。

趣味環節先告一段落，我來介紹一下器材運作的原理。這片隨著我們踩踏板而轉動的圓盤②裝著永久磁鐵，而磁鐵周圍的盆子①是銅做的。所以永久磁鐵轉動時會發生圖7・9的狀況，也就是永久磁鐵正下方的銅板會冒出感應電流，永久磁鐵本身則受到反作用力而浮起，這股力量也足以抬起腳踏車上的人。浮力與磁鐵旋轉的速度成正比，所以騎得愈快、飄得愈高。此外，這項裝置上還安插了一些提升車體漂浮上限的機關。比如說磁鐵浮起來的過程還會同時向外滑動，施力於更高處的銅壁，所以車子才可以持續升高。相信我們在不久後的將來，也可以看到許多人在半空中運動塑身的情景。

日本鐵道總合技術研究所正在研發的磁浮列車也運用了這項原理。但不是用旋轉的磁鐵，而是用線性馬達讓列車直行以產生浮力；而且為了產生足以抬起車體起碼十公分的浮力，還使用超導線圈取代永久磁鐵。

第8話　隔絕磁場

我們第6、7話談論了磁場產生的電流和力。這些現象都說明了磁場以某種我們看不見的形式，在我們不知不覺中對周遭事物造成影響，有時也會造成生活上的不便。

例如你拿磁鐵靠近映像管電視的話，螢幕上的影像會扭曲。映像管電視是利用不同強度的電子束掃描真空管各個角落的原理，描繪出畫面上的影像。電子束是真空中奔走的電子，其實也就是電流，因此根據第6話提過的弗萊明左手定則，電子束受到磁場作用時路徑會偏轉，沒有打在本該掃描的位置上，於是螢幕上的影像便產生了扭曲。

卡式錄影帶也是將畫面資訊以磁性變化的形式記錄在磁帶上，所以若施加強磁場會打亂、破壞磁帶上的變化記錄，導致影像便得亂七八糟。至於ＩＣ積體電路等電子元件之中也有跑來跑去的電子，尤其半導體那種細微能隙的特殊構造對於磁場特別敏感。所以比方說操作大型電子計算機時，必須特別留意不能施加超過五高斯（約地球磁場的二十倍）的磁場。

因此綜合上述問題，我們在運用超導體產生的強力磁場之前，還必須開發阻絕磁場的磁屏障（磁屏蔽）技術，並重點保護測量、控制類的機器不受磁場侵擾。

磁屏障的做法有兩種：在外包覆一層鐵殼、在外包覆一層超導體殼。這種說法可能會讓人誤以為超導體和鐵是一樣的東西，但其實兩者隔絕磁場的原理完全相反。具體來說，鐵殼是吸收不需要的磁場來隔絕磁場，而超導體殼則是直接反彈不需要的磁場。

家電內部都有磁鐵，比方說馬達就是整顆放在鐵殼內，讓鐵殼吸收自己釋放的磁場避免影響外界。即使是為了減輕重量也不能用鋁取代鐵，因為鋁完全沒有吸收磁場的能力，無法發揮磁屏障的功效。除了馬達，我們身邊也早有許多用鐵隔絕磁場的機器，所以這裡我想集中討論使用超導體的方法。

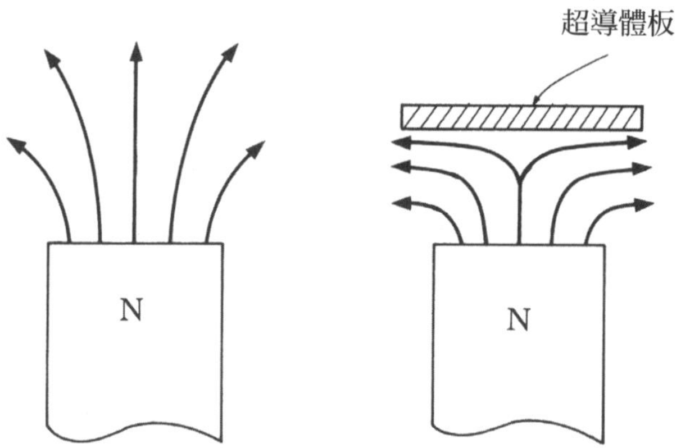

8.1 超導磁屏障原理解說

超導體磁屏障的原理

前面我說「超導體材料會反彈磁場」，其實原理就是邁斯納效應。概念如圖8．1所示，將磁鐵由下往上靠近超導體板時，由於磁鐵釋出的磁力線無法穿透超導體，所以不會跑到超導體的外側，也就是這張圖的上方。既然超導體之外沒有磁場，也就等於達到了隔絕磁場的目的。此時超導體與磁鐵棒之間的磁力線密度非常高，我們第6話也說過磁力線造成的膨脹壓力相當強，因此這塊超導體板會受力上浮，磁鐵也會受到向下的強大反作用力。

這個現象和第3話的磁鐵漂浮實驗狀況

相反。假設我們拿一根磁鐵棒從上慢慢靠近超導體板，施加於超導體板的磁場變化會造成超導體板內部產生法拉第當初說的感應電壓，於是超導體板為了抑制磁場上升會產生電流，也就是屏蔽電流。屏蔽電流為永久電流，只要超導狀態沒有解除即可永遠流動不衰。超導體板內部感應電流生成的磁場與磁鐵棒本身的磁場恰好會於超導體板上方完全抵消，但超導體板底下的磁場則會加強，結果形成圖8・1的磁場分布狀況。

超導磁屏障的限制

接下來我們要用好久不見的液態氦來進行超導磁屏障的實驗。我今天帶了（圖8・2）超導線圈、實驗用的超導體板，還有測量磁場隔絕狀況的感應器。這是一種稱作霍爾（效應）感測器的專業儀器，可以直接在零下二七〇度C的環境下使用。我先將液態氦倒入大家熟悉的玻璃保溫瓶，以便待會進行實驗。

那就開始準備吧。我要測試這片厚度〇・七毫米的超導體板（鈮鈦合金板）隔絕磁場的效果如何。先將霍爾效應感測器鑲在電木板的溝槽裡固定，接著將電木板疊在鈮鈦合

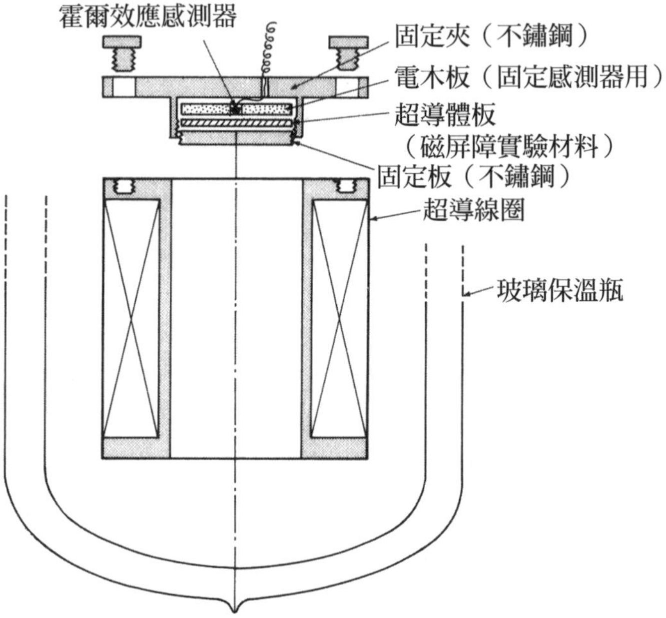

8.2 磁屏障實驗裝置

金板上，然後裝進不鏽鋼製的固定夾。不鏽鋼對磁場不會有感應——應該說不會阻擋磁力線穿透，所以不會扭曲磁場。最後再將固定夾鎖在超導線圈上方。我剛才也說過超導體板（鈮鈦合金板）會受到很強的向上電磁力，所以一定要將固定夾確實鎖緊。岔題一下，前幾年我用同樣一套裝置做實驗時，這片固定夾突然整個彈飛開來，我差一點就要掛彩了。之後檢討發現原來是因為我忘了鎖上固定夾的螺絲。

總之接下來就可以將裝置整個放入保溫瓶了。放入的過程得小心別弄斷霍爾效應感測器那條細細的導線。準備就緒，那我要開始降溫超導線圈了。一般的流程是先將液態氮倒入瓶內，將超導線圈預先降溫至約零下二〇〇度C，再將液態氮排出後改倒入液態氦，繼續將超導線圈降溫至零下二六九度C。我們為了節省時間，就不特別示範這些標準步驟，改用更方便的小型冷凍機預冷超導線圈。如果是利用逆向史特林循環的小型冷凍機，啟動之後只要三十分鐘就可以降溫至最低零下二五〇度C，超導線圈只消一小時即可預冷完成。這段期間我們稍作休息，自由活動一下。各位不妨仔細觀察一下這個裝置。

那麼我們開始進行下半場的實驗。超導線圈預冷完畢，瓶內填滿了液態氦，超導線圈的電源和霍爾感測器也已經設置完成。我們慢慢調大超導線圈的電流。假設沒有這塊隔絕磁場的板子，霍爾感測器感應到的磁場應會直線上升（圖8・3的虛線）。若超導磁屏障發揮作用，則霍爾感測器的數值應該會一直維持在零。我要通電了，請各位仔細看著

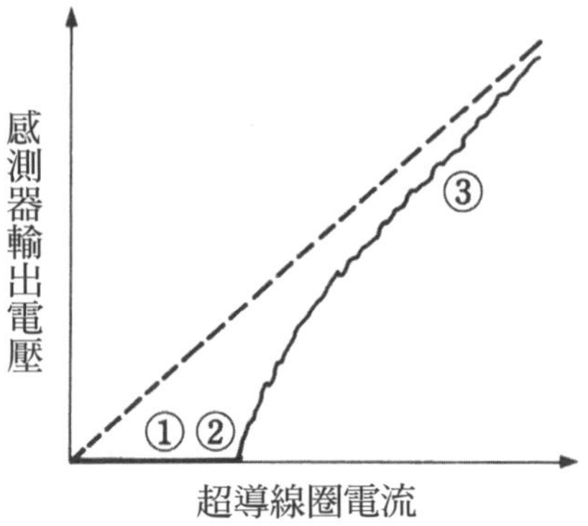

8.3 霍爾感測器輸出記錄

記錄器，並且和剛才未使用超導體板時測量出的數據（圖8・3的虛線）比較。

好，記錄器的筆開始往右跑了。各位可以看到（圖8・3①），霍爾感測器輸出的電壓量一直維持在零。超導體板阻擋磁場的效果無懈可擊，實驗順利——才這麼想，大家仔細看看記錄器的筆，霍爾感測器突然開始輸出電壓了（圖8・3②）。點②就是現在這塊超導體板所能阻擋的最高磁場。我們在第3話說過超導體分成第一類和第二類，若這次實驗中使用的磁屏障屬於第一類超導體，當磁場強度超過點②時便會大舉入侵，霍爾效應感測器輸出的電壓會斷斷續續攀升，最後達到沒有擋板的數值。不過這塊鈮鈦合金是標準的第二類超導體，因此即使磁場強度超過點②，磁力線也只會逐漸滲透。狀況就像圖8・3的折線所示。

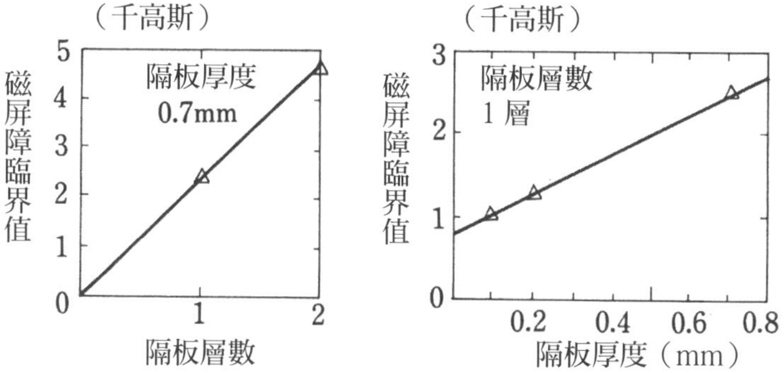

(a) 隔板層數的影響　　(b) 隔板厚度的影響

8.4　超導磁屏障實驗範例

我實驗過無數種超導體隔離磁場的極限，不過今天只能點到為止。跟各位分享我過去實驗結果的其中一部分好了。

厚度一微米的薄膜也有遮磁能力

我第一件好奇的是，若增加超導體板的數量至兩片、三片，隔絕磁場的效果會不會等比增加。以下是我實驗的數據（圖８．４(a)），不出所料，我將兩片〇．七毫米厚的鈮鈦合金板堆疊在一起，阻斷磁場的效果也變成了兩倍。

那麼板子的厚度有影響嗎？若厚度增加個〇．一、〇．二毫米，隔離效率是否也會成比例上升？探討這個問題的實驗結果在這邊（圖8．4(b)）。如各位所見，隔離效率看起來確實和板材厚度成正比，但弔詭的是厚度為〇的時候竟也有遮擋效果。我當初想說天底下豈有這麼荒唐的事，以為是實驗出了小差錯，所以沒有深究。後來我才突然察覺到一件事。

由於遮蔽磁場的感應電流只會於超導體板的表面流動，所以就算是極薄的超導體片也可能擁有不錯的遮磁效果。這背後的原因其實就是我們第4話提過的倫敦穿透深度。換句話說，圖8．4(b)的數據上雖然顯示厚度為零的狀況下也有遮斷磁場的效果，但我猜想這絕非因為實驗出錯，於是將鈮鈦合金做成各種厚度進行測試，範圍從不到一微米到〇·五毫米。當時外面買不到這種超薄的超導薄膜，所以我便請大學學長幫我製作。而實驗結果就是這張圖（圖8．5）。

結果完全如我所料，厚度將近一微米（〇·〇〇一毫米）的鈮鈦合金薄膜在單位厚度下的磁屏障效果最佳。而將多片薄膜疊起來後也確實能達到極為良好的隔離功效，只是沒有完全等比增加。我也發現若堆疊一千片一微米厚的鈮鈦合金薄膜，中間再穿插鋁

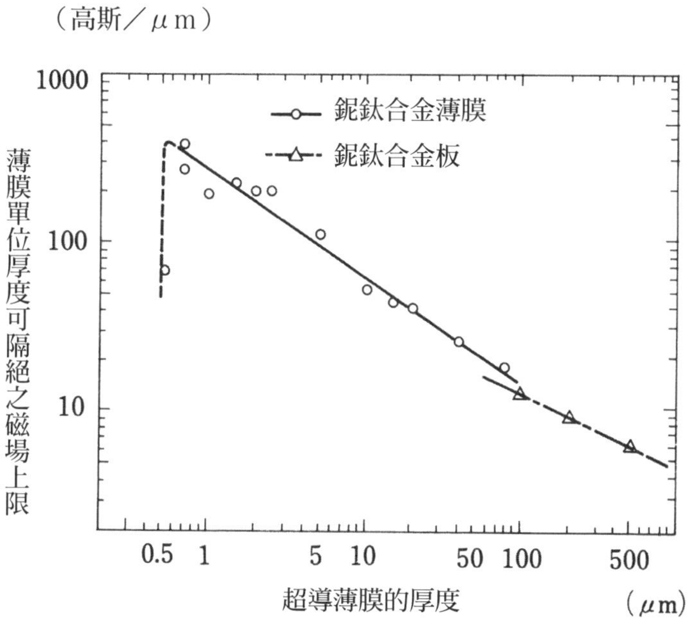

8.5　超導薄膜的磁屏障效果（高壓瓦斯工業股份有限公司提供）

板，甚至還可以遮擋兩萬～三萬高斯的磁場。這隔離效果比前面實驗中那片〇・七毫米厚的鈮鈦合金板好上近十倍。有時看似平凡無奇的實驗數據，細細探究之後也可能得到如此有趣的結果。我想這個例子也提醒了我們實驗數據有多麼重要。

最後我們稍微聊聊超導磁屏障的特色。輕巧是超導磁屏障最大的優點，假設寬一公尺的空間內有一萬高斯的磁場，傳統上必須在兩側各擺一塊厚度超過二十五公分的鐵塊才能隔絕磁場。但若改用超導磁屏障，參照剛才的實驗數據，我們只需用將鈮鈦合金薄膜疊出將近十公分厚的合板就行了。只不過目前超導體仍需要靠液態氦冷卻才能應用，而且如何支撐強大電磁力也是個問題。如果未來研發出能於零下二〇〇度C以上的溫度作用，亦即比液態氮溫度還高的高溫超導薄膜，相信一定會開啟一條康莊大道。事實上，磁屏障也是高溫超導體應用研究中的優先項目之一，學界針對這方面的研究可說是方興未艾。

第3章

超導電磁推進船

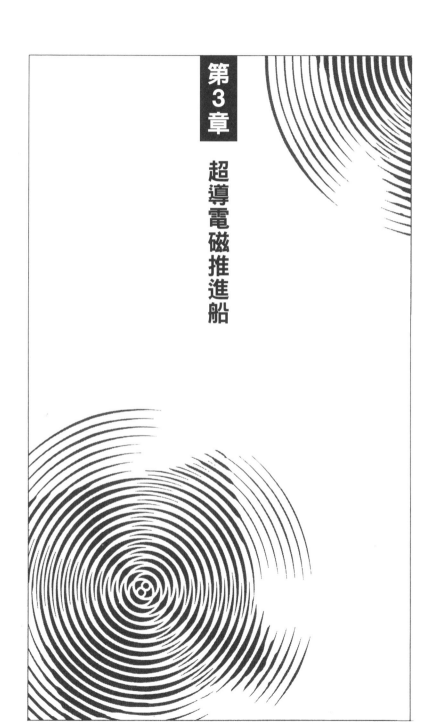

自一九八六年發現超導陶瓷後，超導體應用的研發活動更加熱絡。其中日本鐵道總合技術研究所主導的超導磁浮列車，以及SHIP & OCEAN財團（前日本造船振興財團）主持的超導電磁推進船等計畫都是日本超導體應用研究最具代表性的例子。而且這兩者的發展都是日本獨步全球，未來也有望大大衝擊經濟活動。

本章將聚焦超導電磁推進船，說明電磁推進原理、全球電磁推進研究歷程、電磁推進船的系統，還有未來展望。

第9話　超導推進模型船航行實驗

我今天準備了一座透明的PVC大水槽，還有這艘超導推進模型船SEMD-1。水槽裡裝了附近海邊撈回來的海水，而模型船（圖9．1）是神戶商船大學佐治吉郎教授（現名譽教授）旗下團隊大約十五年前的作品。我也是該團隊成員之一。這座模型船主要部份的構造如圖9．2所示，上方為液態氦儲存槽，正下方龍骨的外凸部分裡面安裝了超導線圈。盛裝液態氦和設置超導線圈的容器都是不鏽鋼材質。一般的鐵在這種極低溫狀態下質地會變得很脆、容易壞，而且導磁率也高。除了不鏽鋼之外，鋁和銅在低溫下也不會變脆、又不會對磁場產生感應，可以根據不同需求選擇適當的材料。液態氦與超導線圈的容器和保溫瓶一樣是雙層夾真空的構造，極力避免液態氦蒸發。由於超導線圈

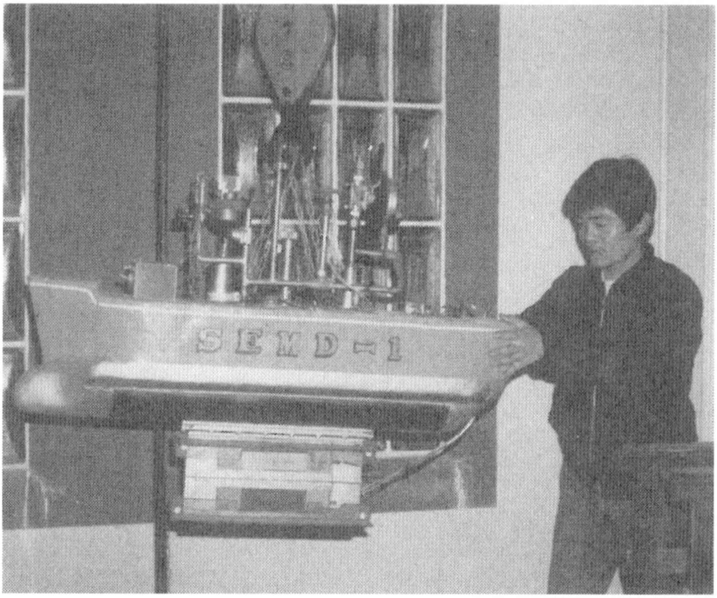

9.1 超導推進模型船 SEMD-1 的外觀

採縱向配置，因此會產生橫向的磁場。這裡用的超導線圈其實不大，全長才二十五公分，並且採永久電流模式運作，因此超導線圈激磁後就不需要電源了。

船底外兩側各裝了一片對海水通電用的電極板。而為了避免電極板對海水釋放的電流跑進船內，船底表面也塗裝了絕緣材料。此外，電極板對海水通電時特別容易腐蝕，所以我們使用了一種表面鍍鉑的特殊鈦電極板。電極板會創造上下方向的海水電流，電源則來自模型船

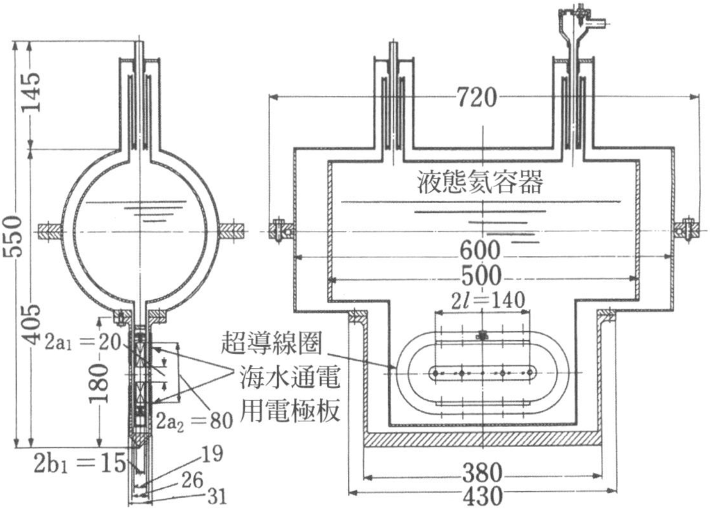

9.2 模型船 SEMD-1 的構造

尾內搭載的乾電池。這麼一來，根據我們第7話提到的弗萊明左手定則，橫向磁場與縱向海水電流產生交互作用會對海水施加一股電磁力，船就能藉由反作用力前進。這艘小模型船雖然如各位所見只有一公尺長，但仍是史上第一艘不需要螺旋槳、完全利用超導線圈推進的模型船；這艘船完成當時引起各界熱烈討論，電視媒體紛沓而至，還有幾位懷著熱忱的外國研究者特地前來日本觀摩。

那我們就來進行模型船的航行實驗吧。儲存槽裡面已經灌好液態氦，管線口冒出來的白煙就是蒸發的氦氣。氦氣在室溫下只有空氣的七分之一重，所以即使如此低溫仍會因空氣的浮力而飄升。如果這是液態氮或天然氣之類冷卻後比空氣重的氣體，白煙則會下沉。只要觀察這一點，各位也能一眼看出冷媒材質是液態氦還是液態氮。

我們要讓超導線圈進入永久電流模式，所以必須先關掉永久電流開關，對超導線圈通電。好，開始通電。這個超導線圈是由直徑〇．一五毫米的細徑超導電線纏捲而成，最大可承受二十安培的電流。現在已經來到二十安培，我們就停止繼續增加電流。下一步呢？沒錯，打開永久電流開關。從線圈上測出的電流數字開始慢慢下降，最後歸零。這時就可以把電源從連接船體的激磁導線上拆下來了。畢竟船要在水槽裡面跑，電線還是拆掉比較不礙事。

接著我們要檢查船底的超導線圈是否產生了磁場。測量之後電極板表面的磁場強度約為六千高斯，方向也是橫向。目前超導線圈所能產生的最大磁場記錄約為二十萬高斯，不過這艘ＳＥＭＤ-1的超導線圈較小，所以雖然貴為超導體，也只能產生這點程度的磁場。但你說它弱嗎？這個數字是地球磁場的三萬倍，也是白板上這些磁鐵的約十倍，所以它還是非常強的磁場。順便跟各位分享，如果拿鐵製工具靠近船底，比方說我現在緊握著這支螺絲起子靠近，看到了嗎？明明還有十公分遠卻已經受到了非常強大的吸引力，再靠近的話我就握不住了。那可不行，如果螺絲起子黏在船底就沒辦法好好做實驗了。數年前我們在準備實驗的過程中螺絲起子不小心撞上船底中央，現在還看得到當時留下的痕跡。言歸正傳，使用超導線圈進行強力磁場的實驗時，除了工具要擺遠一點之外，也要注意自己身上有沒有穿戴會受影響的東西。像手錶如果處於強力磁場，當然也就不會走了。

究竟能不能順利航行

現在超導線圈也已經準備完成，那麼我就將模型船放進海水水槽。接著事不宜遲，開始對海水通電吧。海水電流最大可達十安培。好，開關打開了。海水朝著後方劇烈流動，模型船開始緩緩前進。現在我們顛倒海水電流的方向。好，反過來了。各位可以看到，海水流動的方向馬上變得跟剛才完全相反，模型船也緊急煞車，然後開始倒退。對於推進力的反應如此靈敏，正是電磁推進船的一大特徵。

接下來我們觀察一下海水中的電極板。我先讓海水電流由下往上流，也就是說上方為陰極、下方為陽極。上方電極旁邊冒出了很多細小的白色泡沫，並且迅速向後推送。這些白色泡沫其實是氫氣，源自對海水通電時伴隨的電解反應。電解反應中，陽極會產生氯氣，不過氯氣又會馬上溶於海水，所以不太會起泡。但也因為這樣，如果海水通電時間太久會出現自來水那種消毒味。接著我們顛倒電流方向，這次換下方電極冒出了白泡，泡沫流向也瞬間顛倒了過來。傳統的螺旋槳根本做不出這麼即時的反應。

電磁推進船還有另一項明顯的特徵是船體沒有任何可動構造，所以完全不會有以往推進器運轉時的震動和噪音。可惜這艘ＳＥＭＤ－1的液態氦蒸發聲音太吵，沒辦法讓各位體會到電磁推進有多「安靜」。但以前我們用另一艘更大的模型船ＳＴ－５００實驗時就完全聽不到氦氣蒸發的聲音，海水電流的開關打開後，船隻便會安安靜靜在水上航行。那樣的情景我們已經見識過無數次了。我會在第12話介紹這艘ＳＴ－５００，但因為它全長有三．六公尺，沒辦法運來這個場地實驗給大家看，實在是有點可惜。

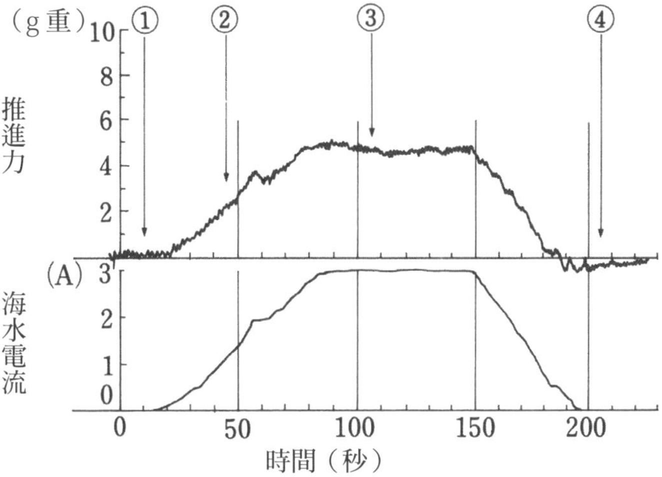

9.3　海水通電量與生成推進力間的關係

不過難得船都搬過來了，我們還是可以做個簡單的實驗：測量電磁力的大小。我帶了一台將作用力轉換成電子訊號的感應器，將這台儀器連接在船和水槽之間。感應器輸出的訊號代表推進力，會記錄在這邊接好的筆式記錄器上。海水電流的數值也會出現在這邊的記錄器上。我們先啟動記錄針。各位可以看到（圖９．３①），海水電流為零，所以產生的推進力也是零。

前面的雜訊是來自這棟大樓本身的震動和會場內的風，準確來說是模型船受到空氣振動影響而產生的搖晃。由於這台感應器相當敏感，記錄器縱軸的上限也只有設定到十公克重，因此外界有一點點的干擾也會如實呈現在記錄針上。這讓我想起我以前在神戶商船大學進行相同實驗時，為了屏除一切可能的無謂震動，刻意挑在深夜時段進行。實驗室的門窗都關得緊緊的，走路也要躡手躡腳，說話時還得用手摀住嘴巴、壓低聲音。

那麼我要對海水通電了。先慢慢輸出電流到二安培。電極板開始泛白。可以看到（圖9・3②）感應器隨著海水電流上升同步開始輸出訊號，代表推進力上升。好，二安培了。我們暫且固定住電流量觀察一下，這時的推進力大約為一・七公克重。接著我要稍微調高海水電流。好，三安培。一樣先穩住不動。這時的力約為二・三公克重。可以看到當電流固定時，推進力也是固定的（圖9・3③）。而且這個力的大小也和我們計算出來的結果吻合。其實這項研究剛起步時的計算方法比較簡陋，計算結果通常會比實驗結果多出百分之二十～三十。後來才加入受電磁力加速的海水與船體之間的摩擦等因素，發展出更縝密的計算方式，因此現在我們已經能精算出各種電磁推進船的推進力有多少了。那我要將海水電流歸零了。各位瞧瞧（圖9・3④），推進力和電流也一併歸零了。

超導推進模型船ＳＥＭＤ－１的航行實驗就做到這邊。這艘模型船的推進力只有不到十公克重，單就數據來看尚不足以談論未來實用的可能。然而它確實是利用超導線圈與海水電流前進，而且還能利用簡單的原理算出準確的推進力，證實了電磁推進船的原理可行。現在日本於超導電磁推進船這一塊的研究大大領先其他國家，ＳＥＭＤ－１正是我們跨出的第一步。這艘模型船平常會擺在東京晴海的「船之科學館」展示。

第10話　電磁推進的原理

上一節我沒頭沒腦地把模型船搬過來，也沒多做說明就直接示範航行實驗給各位看，可能很多人也滿頭問號，心想為什麼電磁推進船真的跑得動、有什麼特徵、有哪些用途。所以接下來我想一一解答各位的疑惑。

首先，電磁推進船前進的原理是什麼？其實我們已經說過不少次，就是電磁學中最基本的弗萊明左手定則。具體來說，船上搭載的超導線圈會朝著海中釋放磁場，並與海水中的電流交互作用，對海水產生一股電磁力，再藉由該反作用力推進船體。簡單來說，船獲得的推進力等於海水中的磁場強度與海水電流大小的乘積。

假設我們有一艘電磁推進船是以圖10・1的導管作為推進機，那麼理想的推進力F

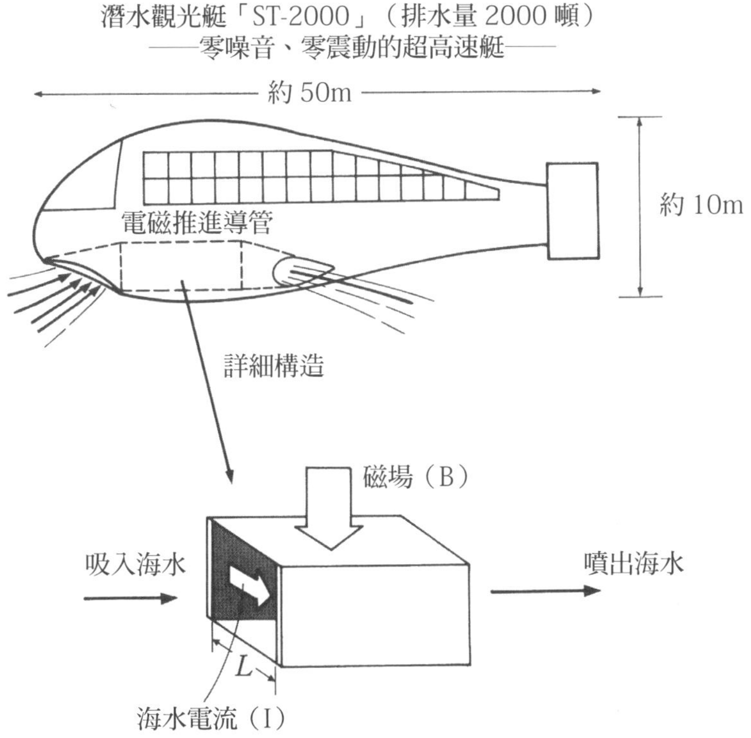

10.1 電磁推進船計算模型

就是海水電流I安培、電流長度（電極的距離）L公尺以及磁場強度B萬高斯的乘積：

$I \times L \times B \times 0.1$ 公斤重（kgw）。

問題在於海水電流。若要在電阻為R歐姆的導體上流通I安培的電流，需要I^2R瓦特的電力。因此零電阻的超導體電力消耗量也是零，這部分完全不是問題；最大的問題在於海水的電阻太高了。假設有一條截面積為一平方毫米、長一公尺的線狀海水，它的電阻就高達二百千歐。這個數字是銅線的一千萬倍，意味著海水通電所需的電量就是如此非同小可。

解決這個問題的方法之一是加寬海水電流的通路，以銅線來比喻就是加粗線徑。電阻與導體截面積成反比，假設海水導電部分的截面積為十平方公尺，電阻就會與截面積一平方毫米的銅線相同。我將上述計算結果畫成了範例圖10．2(a)，縱軸為動力效率，意味著輸入電磁推進機的總電力中有多少比例轉換成了推動船的機械能。橫軸則是海水導管的截面積，截面積愈大，代表導電部分的截面積也愈大。此例中的導管截面積為十平方公尺，因此動力效率可達百分之九十。

第二個解決海水電阻的方法是盡量壓低輸入海水的電流，並提高施加的磁場。我前面說電磁推進力是海水電流與磁場強度的乘積，因此只要磁場夠強，即可減少伴隨著劇烈耗損的海水通電量，提高動力效率。我們畢竟是使用超導線圈來產生磁場，電力損失為零，所以推進力理應能不斷增強。圖10．2(b)便是上述假設的計算結果。假設磁場強度為二十～三十萬高斯，各位看圖也可以知道，動力效率高達百分之九十以上。

然而我們第2話也說超導體有個令人頭痛的性質，就是在過高的磁場下會失去超導

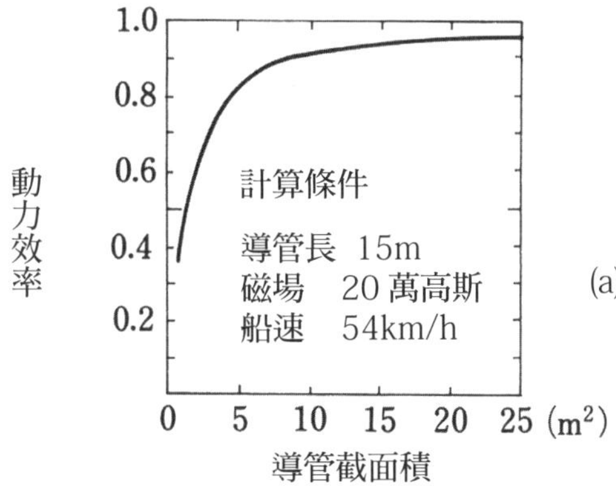

(a) 動力效率與導管截面積

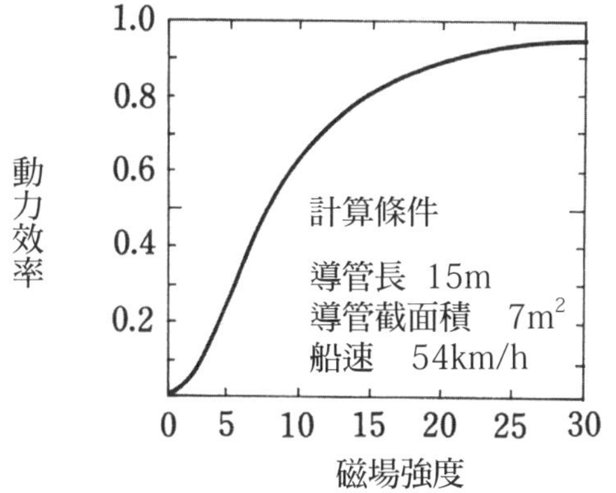

(b) 動力效率與磁場強度

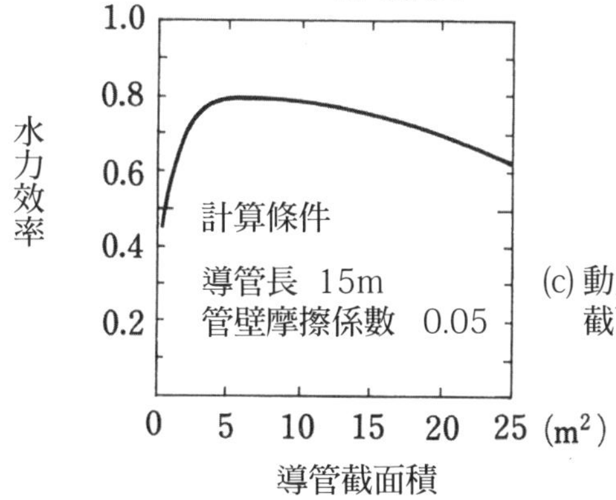

(c) 動力效率與導管截面積

10.2　ST-2000 的電力與水力轉換效率

態。現在實際使用的鈮鈦合金超導電線最高可承受十萬高斯，鈮化錫等化合物超導電線則最高可承受二十萬高斯，這是現今超導技術水準所能產生的最高磁場。不過我們若將超導現象發生的溫度——臨界溫度用絕對溫標來表示（單位為K，數字加二七三即轉換為攝氏溫標），則可預期該溫度數值會與超導體所能產生的磁場上限（臨界磁場）成正比。鈮鈦合金的臨界溫度是九．五K，若使用臨界溫度為其十倍以上（目前最高溫為一二五K）的陶瓷類高溫超導體，要產生超過一百萬高斯的超高磁場也不是不可能，那麼一來就能滿足電磁推進船的高磁場需求了。這也是為什麼打科學家發現高溫超導體後，電磁推進船的研發活動也活絡了起來。

如何減少能量損失

討論電磁推進船時有一個絕對不能忘記的重點，那就是電磁推進導管噴出的水所具備的動能。無論是傳統螺旋槳船還是最近流行的噴水推進船，也都是將海水用力向後推送來推進船體。其實這些海水的動能都被浪費掉了，但我們總得將海水往後推，船才能前進。這個問題實在很兩難。

我們會用水力效率來表示電磁力或螺旋槳給予水的能量中有多少比例轉換成船隻推進力。這裡我們來檢視一下電磁推進船的水力效率，首先要想想船是如何獲得推進力的。其實無論螺旋槳船還是電磁推進船，概念都一樣，這邊就以圖10・1的導管型推進器為例。船在靜止狀態下的推進力，即是導管每秒排出的海水量（Mkg/s）和速度（Vm/s）的乘積（$MV \times 0.1$kg）。而這時海水帶走的動能為$0.5MV^2$瓦特。我們要解決的問題是，如何在維持相同推進力的情況下漸少能量的損失。

其中一種想法是將導管的截面積增加為兩倍。如此若將每秒排出的海水量設定為$2M$，並將海水速度減半成$V/2$，這麼一來推進力就會和剛才計算的結果一樣是$MV \times 0.1$；但海水帶走的動能卻變成了$0.5(2M)(V^2/4)=0.25MV^2$。導管截面積增加至兩倍的情況下，推進力雖然沒有改變，但海水耗費掉的動能卻少了將近一半，等於提升了水力效率。所以我們可以說，導管加寬並減緩海水排出速度較能減少能量損失。

舉個例子好了。我以圖10・1中那艘模型船為例，計算水力效率並畫成圖10・2(c)。

結果不出所料，加壓部位的導管截面積增加時，水力效率也有所提升。但加大導管截面積，海水與導管的接觸面積也會增加，若將摩擦力納入考量，我們可以看到同一張圖上的水力效率在某個點開始下滑。現在很多螺旋槳船也為了提高水力效率、改善推進效率，嘗試盡可能加大螺旋槳的直徑並降低轉速。

實際上造船時，我們會根據電磁推進導管與海水的摩擦力、超導線圈的規格限制（製作技術上），決定最適當的導管造型。對這方面有興趣的朋友可以參考更專門的書籍。最後則要談推進效率，也就是供給船隻引擎的電能中有多少比例轉換成了推進力；這部分可以用前面的動力效率與水力效率相乘後算出。計算結果範例如圖10．3所示，(a)為磁場強度與推進效率的關係，若推進效率要達到與現行螺旋槳船相同程度，約莫百分之五十～六十，磁場強度需要十～十五萬高斯。

電磁推進船的特徵

接著我們來探討電磁推進船的特徵。透過前述的電磁推進原理，我們馬上就可以發現

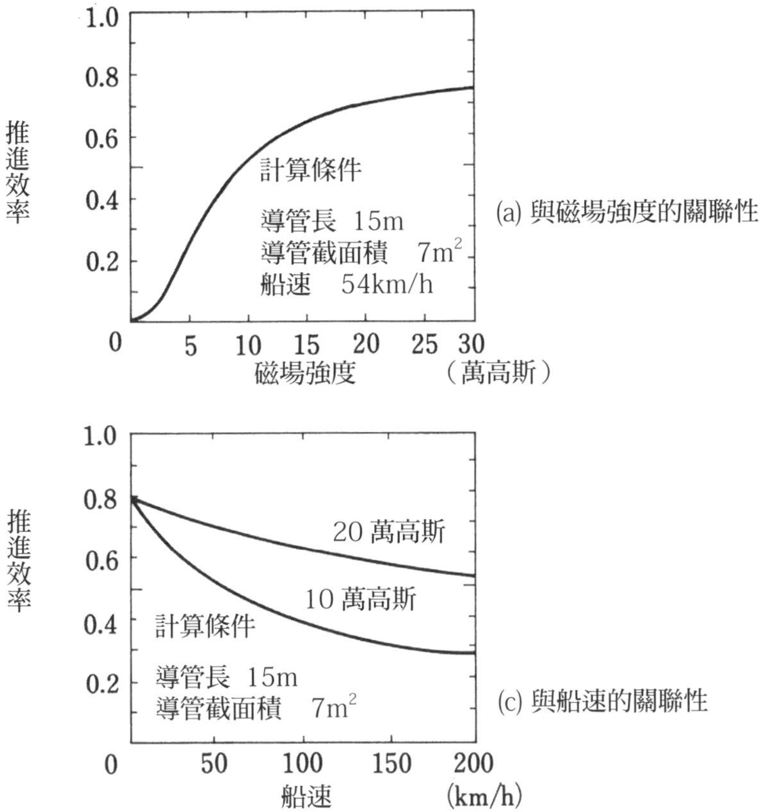

10.3 ST-2000 的推進效率

電磁推進船最大的特徵是少了傳統螺旋槳船的旋轉機構，或應該說沒有驅動部位，因此完全不會有機器震動與噪音的問題。若遊艇或客船搭載這種推進器，乘客就可以清楚聽見海浪的聲音，感受波浪的擺盪了。

第二項特徵我們在剛才SEMD-1的實驗中展示過了，就是對推進力的反應十分靈敏，可以即時切換作用力方向。即便磁場強度固定，只要調整海水電流，船就能進退自如，甚至像螃蟹一樣橫著走、或像放在轉盤上迴轉都不是問題。這些力還可以瞬間產生，這也讓船隻擁有出類拔萃的可控制性。倘若未來電磁推進技術成熟，那種在水面上暢行無阻、如滑翔般前進的遊艇也將不再是天方夜譚。如果真的實現了，鯛魚和比目魚也會嚇一大跳吧。

第三個特徵，算是造船業的福音吧，總之船體構造和船內設備的配置方式將更加自由。傳統螺旋槳船必須將螺旋槳和傳動軸、引擎配置在同一條直線上，所以也限制了船隻的基本造型，不過電磁推進船卻沒有這種束縛。假如推進系統是剛才的導管，我們可以將規定數量的導管與超導線圈組設置於船內或船外，甚至是船體延伸出來的側翼前端，然後再牽電線就好，這代表船體造型有更多發揮的空間。電磁推進技術不僅讓「船」的造型充滿可能，還有更多用途等著我們開發，簡直就是一項充夢想滿載的技術。不久的將來，或許年輕工程師也可以設計幾張電磁推進船概念圖來比稿一下。

第11話　電磁推進技術的誕生歷程（一九五八～一九七四）

經過上一節的說明，相信各位已經大致理解電磁推進究竟是怎麼樣的技術了。這一節我打算談談電磁推進技術的研究與發展歷程。我很喜歡《論語》裡的一句話：「溫故知新」。當我們要研究一項新領域的東西之前，必須先調查該技術的發源與發展至今的軌跡，理解該技術發展背後的必然性。事前進行背景調查，我們才能揪出哪些東西其實是技術人員一時心血來潮下的穿鑿附會，發現某些不容於技術發展洪流的不自然之處。只要確認我們的研究對象符合世界科技發展的大方向，也就能看見從今以後該前進的方向。

基於以上理由，本節將探討電磁推進技術自一九五八年出現後至一九七四年的狀況，下一節則接著闡述從一九七四年至現在的歷程。之所以用一九七四年作為分水嶺，各位可以單純當作是因為這一年剛好將一九五八年到一九九〇年的期間分成兩半。不過從電磁推進技術進程的角度來看，一九七四年之後，電磁推進研究也確實開始與超導體變得密不可分。

從電磁式泵浦到電磁推進

那麼我們先將時間拉回一九五八年。當時自美國總統艾森豪發表「原子能和平用途」（Atoms For Peace）演講之後過了五年，核能發電發展蓬勃。而為了將核反應爐產生的高熱量排出爐外，液態金屬（例如鈉）的流動研究也相當興盛，為此不少磁流體學家都致力於研發液態金屬用的電磁式泵浦。電磁式泵浦是什麼？以法拉第式泵浦的構造為例，原理是施加直流磁場於其中的液態金屬，並輸入與磁場垂直方向的直流電，藉此產生與電流和磁場皆垂直的電磁力來驅動液態金屬。也就是弗萊明左手定則。

西屋電氣的魏伊（Stewart Way）等人當初在研究電磁式泵浦時，曾想過能否利用泵浦作動時施加於泵浦磁鐵的反作用力。好比說船上搭載電磁式泵浦，泵浦本身在泵送

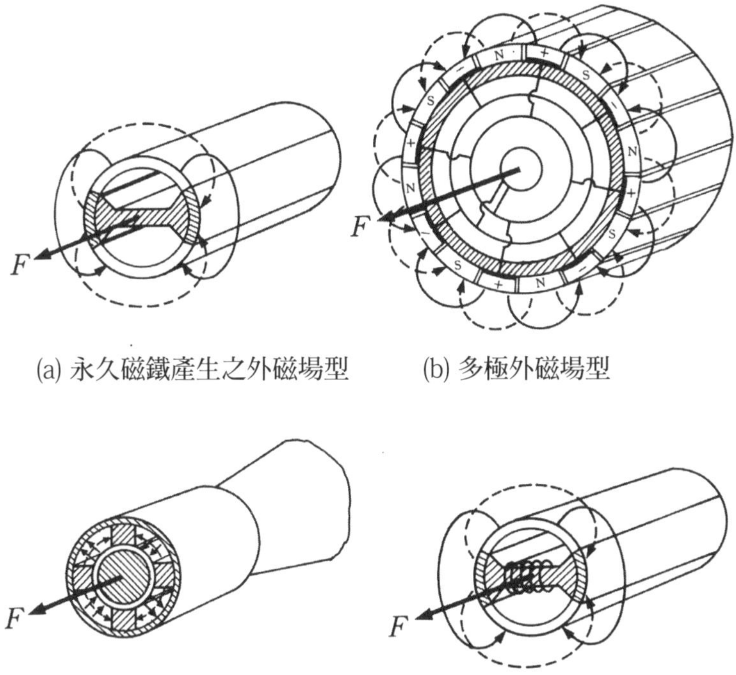

(a) 永久磁鐵產生之外磁場型　(b) 多極外磁場型

(c) 內磁場型　(d) 電磁鐵產生之外磁場型

11.1　萊斯提出的電磁推進法（→：海水電流、⇢：磁力線）

海水的過程中也會受到反作用力，而船隻就能藉由這個反作用力前進。魏伊冒出想法後，開始設計能供應足夠推進力的磁場產生裝置。他們用當時普遍認為最適合使用的永久磁鐵來試算船隻重量，結果卻發現會太重，於是便放棄了研究。

然而美國人萊斯（Wallen A. Rice）卻不顧不實際的計算結果，直接向政府申請專利。他於一九五八年六月申

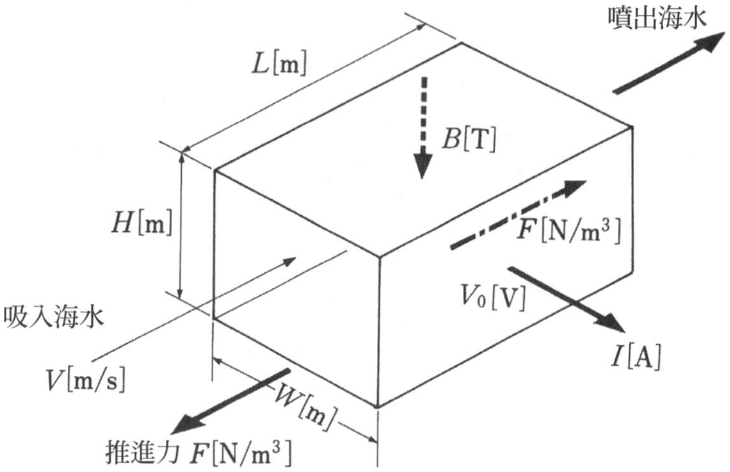

11.2 弗萊奧夫的計算模型

請這套「推進系統」的專利，並於一九六一年九月正式通過。萊斯當時列出了圖11．1上看到的各種推進機類型，甚至還提出用電漿取代海水的航太推進器。而該推進器目前已發展為幾乎可實際運用的MPD（磁電漿動力）航太推進器了。由此可見，電磁推進技術最早算是核能研究所衍生的副產物。

電磁推進的問題逐漸浮出水面

一九六一年，美國驗船協會的電子工程師弗萊奧夫（J. B. Friauf）對電磁推進技術懷著強烈的興趣。他認為「電磁推進機可以汰換掉螺旋槳，並消除震動和噪音問題」。他用類似圖11．

2的導管，概算均勻海水電流通電時的推進效率，卻發現因為海水電阻太高，推進效率竟然連百分之十也不到。他雖然也提出在海水中注入易導電的晶種（Seed）來提高導電率的方法，但這對長航程來說並不實際。最後他做出一個結論：「我們需要一個以現在科技水準來說無法想像、可以產生大範圍強力磁場的革命性技術，否則電磁推進技術永遠不會有實際運用的一天。」他口中那項無法想像的革命性技術，或許就是如今的超導技術了。

一九六二年，海洋學家菲利浦斯（O. M. Phillips）接受洛克希德公司（Lockheed Corporation）的委託，研究一項全新的電磁推進方式，計算當交流磁場作用於海水，並利用其感應電流產生推進力時的推進效率。這種新方法好就好在不需要直接對海水通電，不會有海水電解的問題，但海水導電度低的部分仍舊和使用直流磁場時的狀況相同。也因此他計算出來的推進效率和弗萊奧夫一樣，都沒有超過百分之十。

這時登場的人，是於麻省理工學院（MIT）主修造船學的多拉夫（L.R.A. Doragh）。他本來就在研究高速船舶，清楚螺旋槳推進方式的速限難再突破。他調查飛機推進器高速化的技術革新進程，發現了以下事實：「自一九〇三年萊特兄弟嘗試飛行成功後，飛機好一段時間以來都採用螺旋槳推進系統。不過隨著飛機飛行速度加快，尤其到了將近音速的階段，螺旋槳便開始出現異常震動等嚴重問題。故一九四〇年代人們開發出完全不使用螺旋槳等旋轉機構的噴射引擎，揭開了噴射引擎時代的序幕。」於是他開始摸索船用噴射引擎，最後研究出內磁場型電磁推進系統。至此，電磁推進技術擺脫了異端分子的標籤，不再被人們視為核能技術的節外生枝、電磁泵浦的衍生應用，正式踏上船舶高速化研究的康莊大道。

然而他也知道以往電磁推進技術研究的推進效率皆不到百分之十，而原因是海水導電度低、產生磁場太弱。他想，前者是海水本來的性質，或許難靠人為改變，可是後者應該可以設法突破。於是他看上了ＭＩＴ當時獨步全球的超導強磁產生技術。那個時候市面上剛好開始出現可以承受高磁場的超導電線，而一九六一年ＭＩＴ也剛做出史上第一塊磁場強度達數萬高斯的超導磁鐵。雖然那顆超導磁鐵的性能以現在的角度來看並不完善，但多拉夫確信唯有這項技術可以帶領電磁推進走向實用，甚至催生出高速船舶。此

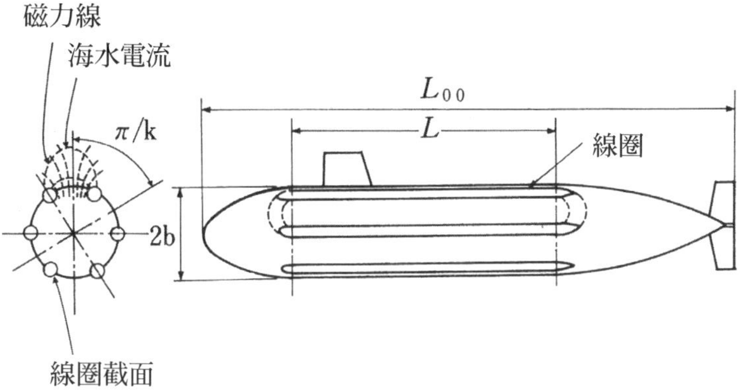

11.3　魏伊提出的外磁場型電磁推進潛水艇

後電磁推進技術便踏上了船舶高速化這條科技發展的必經之路，並開始加入引領二十一世紀科技的「超導技術」。

當電磁推進技術終於躋身科技主流，西屋電氣的魏伊見狀再次出現。他是電磁推進技術誕生的見證人之一，雖然當初礙於磁場產生裝置過重而放棄研究，但看到年輕的多拉夫應用超導磁鐵的作法受到刺激，決定再次投入電磁推進技術的研究。他重起爐灶後的第一步，是先探討使用超導磁鐵的外磁場型電磁推進潛水艇（圖11．3）基礎設計。一九六四年，他發現這種潛水艇的推進效率竟高達百分之九十。

魏伊從計算結果中找回信心，並於一九六五年打造出史上頭一艘電磁推進模型船ＥＭＳ-1（圖11．4），也在加州沿海下水實驗。不過該模型船搭載的電磁鐵是銅線圈而

11.4 魏伊開發的史上第一艘電磁推進模型船「EMS－1」

不是超導線圈，磁場僅有一五〇高斯，若要獲得足夠推進力必須搭配相當可觀的海水電流。然而這恐導致船體周圍的海水電解出大量的氫氣和氯。不知道是不是因為這樣，後來直接對海水通電方式的電磁推進研究突然冷卻了下來。

以液態金屬取代海水

和多拉夫與魏伊差不多時期，也有一個人苦思如何提升電磁推進的動力效率，這個人是康乃爾大學的雷斯勒（E. L. Reisler Jr.）。多拉夫

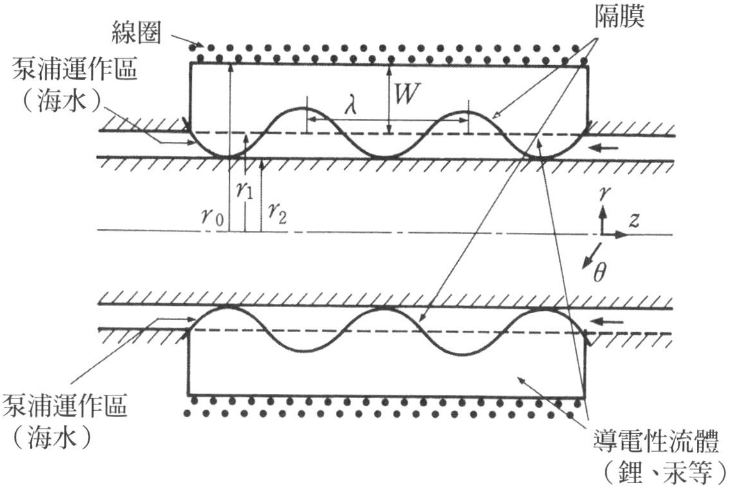

11.5　雷斯勒等人提出的蠕動方式

的做法是使用超導線圈，而雷斯勒則是試圖用水銀等液態金屬來取代海水。他打算讓液態金屬通電，並透過蠕動膜（隔膜）將其產生的電磁力轉遞給海水以獲得推進力（圖11．5）。電磁推進船的推進效率等於（作動流體的導電率）×（磁場強度的平方），因此若作動流體的部分用液態金屬取代海水，液態金屬的導電率是海水的一百萬倍，所以磁場強度只需要海水的千分之一，大約兩百高斯左右就夠了。

然而他們將此基礎概念套用在兩千噸的潛水艇上並試算推進效率，發現最多也只能達到百分之四十，代表輸入的電力有大概一半都用在液態金屬自己的運動上。而且蠕動方式除了推進效率低落，

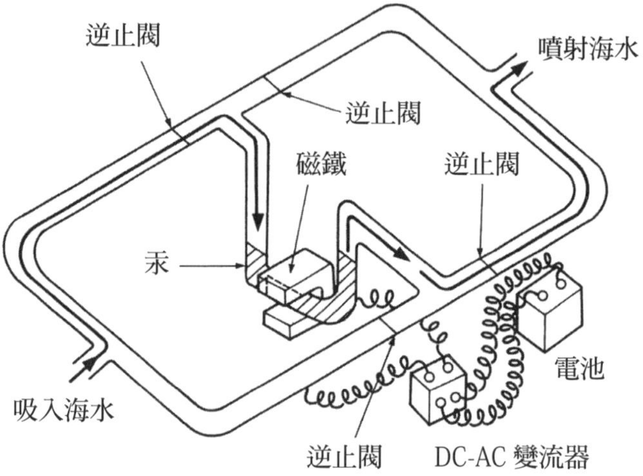

11.6 西山團隊提出的水銀往復式

還必須考量隔膜的壽命問題，所以之後也鮮少再有人討論。

一九七〇年代，電磁推進研究的熱潮也延燒到日本，而日本一開始和雷斯勒一樣想到可以利用水銀，不過是採往復運動的方式。這項研究是由工業技術院電子技術綜合研究所的西山等人所主持，他們的方法和雷斯勒提出的蠕動法不同，是讓水銀行往復運動並將該動力直接作為推進力傳遞於海水（圖11・6）。然而西山等人的方式仍有大半電力耗費在水銀本身的運動上，因此推進效率也僅有百分之二十左右。

本節最後要登場的人，是MIT的麥戈文

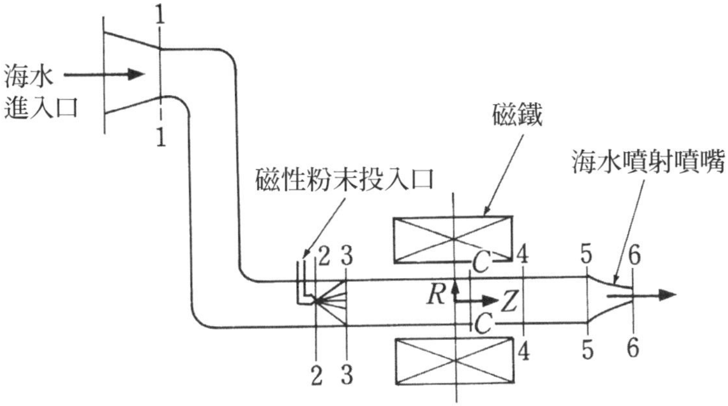

11.7　麥戈文等人提出的磁性粉末方式

（McGovern）。圖11．7是他們提出的推進機。比起電磁推進，我想或許更接近單純的磁力推進。我們可以從圖上看到，原理是從導管上游部分灌入磁性粉末；磁性粉末會受到導管下游處的磁鐵吸引而加速，並將運動過程中的摩擦力傳遞於海水作為推進力。麥戈文是想藉由排除海水通電的變因來提升推進效率，不過他分析之後發現，這種方法實在不可能獲得多大的推進力。

一九五八年至一九七〇年代前半，美國諸位科學家為了提升電磁推進技術，想出各式各樣的推進構造。但可想而知，在如此百家爭鳴的狀況下，只有融合了未來先進科技的超導電磁推進技術倖存下來。

第12話 超導電磁推進研究的沿革（一九七四～一九九〇）

接續上一節，本節將從一九七四年開始講起。一九五八年～一九七四年這十六年可謂超導電磁推進的前奏曲，之後超導電磁推進將逐步成為電磁推進技術應用研究的主角。這之間發生的事，且聽我娓娓道來。

本節率先登場的是神戶商船大學的佐治研究團隊。佐治團隊專門研究液化天然氣（零下一六一度C）、液態氦（零下二六九度C）等低溫液體相關技術與超導體技術。一九七〇年代後，全球都在研究可產生超強磁場的超導磁鐵該如何應用，我們佐治團隊選擇的研究方向便是電磁推進。我們一開始嘗試的東西是超導電磁推進模型船「SEMD-1」，就是我第9話時帶來會場做實驗的那艘。其實那個時候我們可以理解電磁推進的原理，但還是想親眼確認船隻是否真的沒有螺旋槳也能前進。這種「眼見為憑」的實踐精神才是我們製作這艘船的主要動機。模型船全長僅一公尺，船底的龍骨部分裝了全長二十五公分的超導磁鐵，實驗中產生的推進力也確實與計算結果相當接近。

這項實驗真的很折騰人，畢竟超導磁鐵那麼小一顆，能產生的推進力也就十公克重。偏偏那艘一公尺的模型船漂浮在水上時，隨便一陣風浪和地面震動都會對船體帶來超過十公克重的作用力。為了取得最後精確的數據，大家還得特別挑夜深人靜的時段做實驗，還將實驗室的窗戶緊緊關上，走路時放輕步伐，說話時也得用手摀住嘴輕聲細語。

佐治團隊原先對SEMD-1的效果持懷疑態度，但實驗出乎意料地成功，士氣大振。佐治教授（現名譽教授）親自赴美參加國際會議發表實驗結果，許多外國科學家知情後紛紛大老遠跑來神戶觀摩SEMD-1航行的情景，當時引發了不小的話題。

下個階段，超導電磁推進船實用化研究中最關鍵的技術終於要出現了。若要實際應用超導電磁推進船須滿足哪些條件？反過來說，從實際應用的角度來看，有哪些是看起來尚無法實現的夢幻技術？這些都將一一揭曉。但在此之前，我們需要一個足夠準確的方

12.1 世上第一艘超導電磁推進模型船「ST-500」

法來分析電磁推進船的推進特性，也需要一組可以驗證該計算方法優劣的實驗數據。

全球第一艘正式開發的模型船「ST-500」

「ST-500」（圖12・1）便是為了滿足以上需求而正式開發的超導電磁推進模型船。這艘模型船的整體構造請見圖12・2。船體全長三・六公尺，重量七百公斤。我們將船放入實驗用水槽航行，成功取得推進特性的

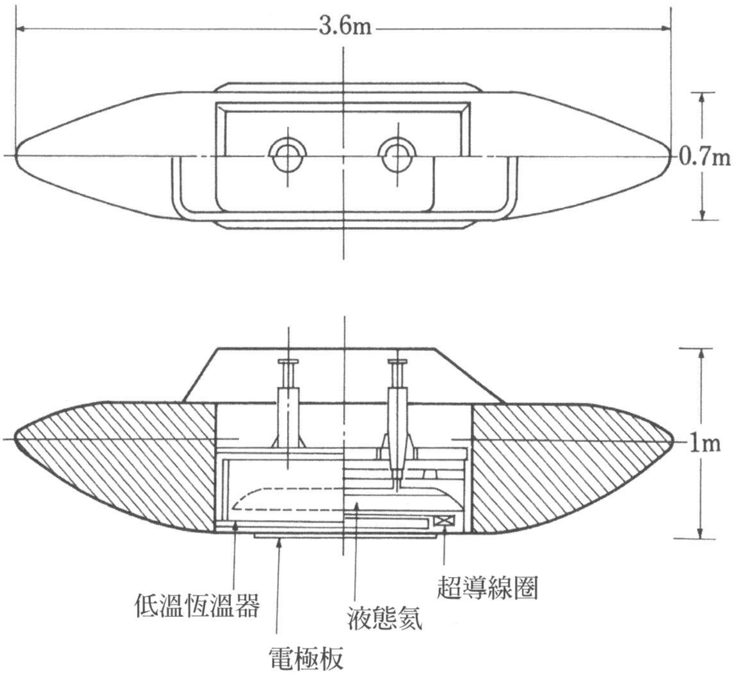

12.2 ST-500 的構造

實驗數據。這艘模型船可產生的最大推進力為一・五公斤重，因此不必像SEMD-1的實驗時一樣顧慮細微的風吹草動。但另一方面卻也因超導磁鐵的磁場太強，造成磁場與水槽壁內鋼筋之間互相產生作用力的問題。不過對研究者來說，實驗新東西時碰上各種意料之外的困難也是家常便飯了。

總之團隊費盡心思，總算於神戶商船大學內全長六十公尺的實驗水槽完成了ST-500

的航行實驗。而經計算後確認模型船僅有百分之六十的電磁力轉換成有效推進力，也發現了許多實際應用上不可忽視、有待解決的問題。團隊於實驗過程中也開發出一套可以分析電磁推進船推進特性的程式，並且發現電磁力轉換成有效推進力時之所以落差這麼大，是肇因於海水與船體表面之間的摩擦。同時也發現，若考量到摩擦力等造成能量耗損的變因，電磁推進船的推進效率幾乎不可能達到西屋電氣提出的百分之九十；即便磁場強度高達十五～二十萬高斯，實際推進效率恐怕也只和螺旋槳船差不多（最高百分之六十）。至此，神戶商船大學佐治團隊的第一期研究，關於超導直流磁場式模型船的開發研究便告一段落。

同一時期，美國學界也開始認真研討超導電磁推進船。負責人為美國西屋電氣研究開發中心的休默特（G.T. Hummert）；他試算超導電磁船的推進數值，其中超導磁鐵部分參照實際性能與製作技術限制，磁場強度設定為五萬高斯，大小則設定為最大直徑十公尺。最後他得到一個結論：若為全長四～五公尺的潛水艇，超導推進的性能可比擬螺旋槳推進，且技術上也沒有當代科技水準解決不了的問題。

不過美國華盛頓海軍研究所（NRL）的超導研究代表——古卜瑟（D. U. Gubser）對此提出質疑。他關注的重點在於船速。以往的分析結果都是船速愈快，推進效率會愈低，於是他以船速和船身長度為參數計算推進效率，證明低速狀態下，若船身超過一定長度，則即使磁場強度只有五萬高斯左右，推進效率仍可比肩螺旋槳船。當他發現電磁推進船有這麼一個優秀的特徵，便認為其使用的大型超導磁鐵頗具開發價值，因此大聲疾呼學界投入研發。而這是一九八五年的事情。

接著舞台再次回到日本。神戶商船大學的佐治團隊繼一九七〇年代致力研發直流磁場推進法後，一九八〇年代轉而進行交流磁場式電磁推進船的基礎研究。由於可產生交流磁場的超導磁鐵尚未成功研發，所以該研究產生交流磁場的方式是先讓流通直流電的超導磁鐵進入永久電流模式後拆除激磁用導線，再讓磁鐵轉動以形成交流磁場。團隊嘗試不對海水通電，僅以交流磁場推送海水，結果實驗大獲成功。這次實驗的過程中同樣也有針對交流磁場電磁推進方式進行簡單的分析計算，而實驗結果與計算結果大致吻合。團隊以同一套分析方法推算實際船隻用電磁推進機所需的性能，得知交流磁場方式和直流磁場方式一樣需要十五～二十萬高斯的磁場。畢竟交流磁場方式的原理還是在海水中產生感應電流，而海水的電阻本來就是那麼高，這一點不分磁場是直流還是交流。

「大和一號」問世

有了這麼多基礎研究數據支持，科學家終於造出能實際下海航行的超導電磁推進實驗船：「大和一號」。這艘船設計得相當有模有樣，全長三十公尺、排水量一八五噸、時速十五公里、可乘載十人。一九八五年，SHIP & OCEAN財團成立「超導電磁推進船開發研究委員會」，計畫造出全球第一艘用來驗證超導電磁推進技術的實驗船。尤其在一九八六年發現高溫超導體後，他們對這項計畫有了更多期待。他們逐步開發船用超導磁鐵和極低溫冷凍裝置，並於一九八九年正式開始造船，一九九〇年末完成；預計一九九一年於神戶港進行航海實驗。

「大和一號」的整體構造請見圖12・3。船尾左右兩側各有一台電磁推進機，總共可輸出八百公斤重的推進力。為避免磁場外洩，兩台推進機周圍各設置了六條導管型推進

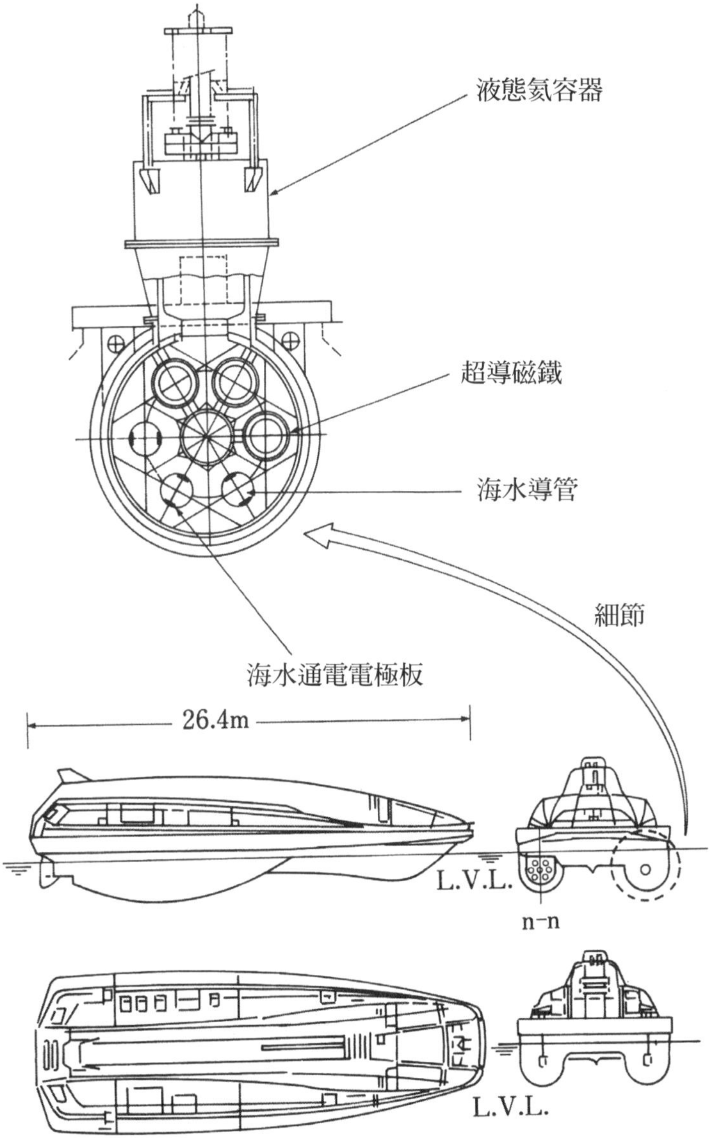

12.3 實驗船「大和一號」的結構概要。

M. Hashii, C. Matsuyama, S. Takezawa, et. al. :
"Research on Superconducting Electro-Magnetic Propilsion Ship", Internation Symposium on Marine Engineering, kobe, (1990).

器，且導管周圍包覆超導磁鐵，中心產生的磁場強度約有四萬高斯。超導磁鐵的材質是鈮鈦合金，所以實驗船搭載了零下二六九度C的極低溫冷凍機。不過磁鐵是永久電流模式，所以船上沒有超導磁鐵用的電源。但有一座以高速柴油引擎發動的兩百萬瓦（MW）交流發電機，用於供電給導管內的海水通電用電極板。

美國自一九九〇年度起，阿貢國家實驗室（ANL）也投入大量心力研究超導磁鐵式的電磁推進機，全速追趕著日本的腳步。

本節將在此告一段落。簡單統整一下兩節的內容，一九六〇年代主要由美國學界提出並探討各式各樣的電磁推進方式；一九七〇年起日本也加入研究行列，奠定了超導電磁推進技術的基礎。一九八〇年代以後由我們日本領先全球，開創可航海實驗船的時代。未來世界各國針對實用超導推進船的研究發展著實令人期待。

第13話　電磁推進類型面面觀

這一節我想統整一下第11、12話介紹的各種電磁推進機。我將所有類型的電磁推進機整理成圖13・1的表格，以下就以這張表為準進行說明。

交流磁場式與直流磁場式

電磁推進機可先以磁場型式二分為交流磁場式、直流磁場式。交流磁場式是用交流磁場與其感應電流獲得推進力，也就是我們第7話時利用移動磁場產生的電磁力。這種機型也稱作線性感應馬達（88頁），最大的優點是交流磁場本身即可產生推進力，不需要對海水直接通電。然而以目前的技術水準，想用超導磁鐵產生交流磁場還很麻煩，因此較少人討論。但假如室溫超導體技術有所進展，超導交流磁鐵便極有可能投入實用，開啟交流電磁推進時代。

交流磁場推進方法是於一九六二年由美國的菲利浦斯所提出，但推進效率始終無法提升，因此也比較少人進行相關研究。不過近年來以超導磁鐵產生交流磁場的技術進步迅速，交流式推進機的研究終於再次啟動。像神戶商船大學也開始進行以超導磁鐵產生交流磁場的基礎實驗，並研擬實際船隻的構造。

至於直流磁場式，顧名思義就是利用直流磁場、直流電來產生符合弗萊明左手定則的推進力。雖然這種方法要讓磁場和電流各自運作，不過磁場的部分可以用超導磁鐵永久電流模式解決電源問題，比較麻煩的是海水通電時會產生電解反應。直流磁場式的概念出現於一九五〇年代，是美國人萊斯和魏伊都曾提出的電磁推進方法，此後電磁推進模型船皆屬直流磁場式。

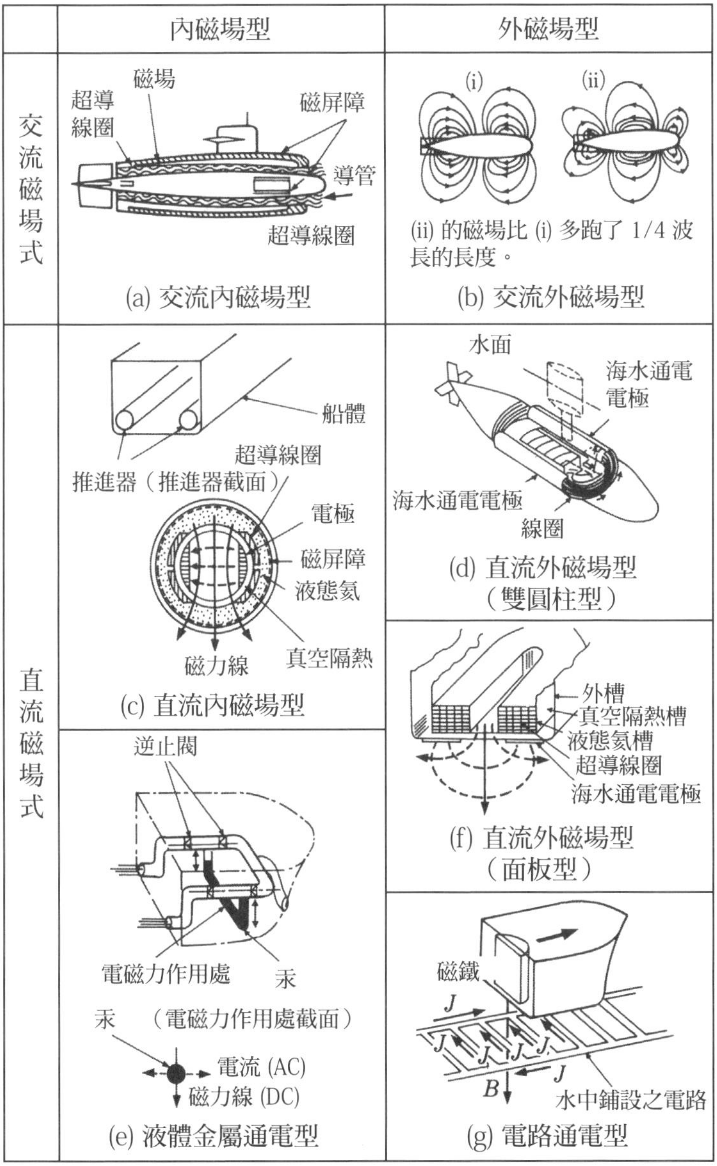

13.1 電磁推進方式分類

內磁場式與外磁場式

接著可以依磁場作用的領域，區分成內磁場型與外磁場型兩大類型（圖13．1）。內磁場型的原理是將海水經由導管引入船體，在船內電磁場作用下利用勞侖茲力將海水強力噴出船外，產生推進力。內磁場方式的船隻可以藉由妥善的磁屏障措施避免磁場外洩，因此航進港灣也不會造成影響，實用性高。但也因為船體推進力是來自海水噴射，所以推進效率並不太好。這是一九六一年弗萊奧夫所採用的方法；一九六二年多拉夫則使用超導磁鐵及超導磁屏障，設計出構造十分詳盡的電磁推進機（圖13．1c）。現階段最實用的電磁推進機型就是內磁場式，SHIP & OCEAN財團正在開發的實驗船「大和一號」也屬於這一類。

與之相比，外磁場型則是在船體之外的寬敞空間產生電磁場，理論上推進效率可以很高。最近許多貨船之所以將螺旋槳的直徑加大，也是為了盡可能用最慢的速度推動最大量的海水，減少海水帶走的動能並提升推進效率（因為推進力與海水速度增量成正比，而海水帶走的動能則是與海水速度增量平方成正比）。但這種方法畢竟是對外釋放電磁場，所以只能在一些不需要擔心與周遭環境產生電磁干擾的海域使用，例如北極海。這類型的構造簡單，製作輕鬆，還能直接以肉眼觀察電磁場造成的海水流動狀況。魏伊的模型船EMS-1和神戶商船大學的SEMD-1、ST-500也都屬於外磁場型。

直接對海水通電或利用液態金屬

這次我們用通電的媒介來分類。電磁推進的標準做法是直接對海水通電。這種方式是以船體周圍或導管內的海水為通電媒介，若使用交流磁場，只需要施加磁場於海水；若使用直流磁場，則只需要讓電極板與海水直接接觸並施加直流電壓即可，所以構造非常簡單。然而最大的缺點是海水電阻高，畢竟電流在海水裡的流動難度比金屬難上一百萬倍。直接對海水通電的情況下，需耗費龐大的電力才能獲得所需推進力，而且耗費掉的電力還有大部分會轉換成熱能導致海水升溫。這麼一來不僅推進效率低落，還有可能造成地球暖化。

想要解決這項麻煩，可以提高磁場強度。因為電磁推進力是磁場強度與海水電流的乘積，所以即使壓低海水電流，還是能利用強力磁場獲得足夠的推進力。這麼一來就能減少因海水電阻而損失的電力，提升推進效率，還能避免海水升溫。

若要利用提高磁場的方式達到與傳統螺旋槳系統同等的推進效率，則需要十五～二十萬高斯的磁場強度。考量到實際船隻的大小，我們還必須讓如此強力的磁場作用於幾十立方公尺的寬廣空間。現在核融合反應爐的開發上就有一個環節是在研究產生強力磁場的大型超導磁鐵，但那頂多只能產生八萬高斯的磁場，作用範圍最大也只有幾立方公尺。所以實在很遺憾，即便超導技術發展迅速，離實際應用於電磁推進船上依然還差得遠。不過利用超導磁鐵產生大範圍強磁場的希望肯定就在高溫超導體上。

也有人試圖用水銀等液態金屬通電來迴避海水通電方法的種種難題。液態金屬的電阻只有海水的百萬分之一左右，簡單計算之後就知道磁場強度只需要20萬高斯 $\div\sqrt{1000000}=200$ 高斯。就算放寬一點算一千高斯好了，這點磁場強度也就跟白板上的磁鐵差不多，要產生這點磁場簡單極了。但這種方法也有個問題，由於電磁推進力的作用對象是水銀，必須想辦法將水銀承受的推進力傳遞給海水。

最簡單的方法就是直接將水銀排放到海裡，但這只會造成海洋汙染，根本連想都不用想。第11話美國雷斯勒提出的蠕動法、日本西山等人的水銀往復運動法還算比較值得討論的方法。蠕動法的原理請見圖11．5，是利用水銀蠕動將海水推出，就像腸子擠壓推送東西的動作。水銀往復運動法的機制則如圖13．1(e)，搭配水銀的往返作動和逆止閥，將海水吸入後再噴射出去。兩種方法都有分析過推進效率，雖然磁場強度的部分合乎預期，只需要數千高斯即可，可惜推進效率卻不太好。因為輸入電磁推進機的能量有很大一部分都耗費在驅動水銀上，所以有效運用於船體的能量也就相對減少。這就跟仲介抽了太多手續費沒兩樣。

在海中鋪設軌道

為了解決以上種種難題，有人提出了電路通電法。這種方法既不會被水銀之類的仲介抽成，又不必勞煩海水這種電阻高到不行的導體。這是神戶商船大學佐治團隊於一九七八年所提出的方法，概念是根據船隻的航路鋪設軌道電路（圖13．1(g)）。電路上的銅製枕木通電後，枕木的電流會和船體磁場相互作用並產生推進力。這種方法幾乎可以將所有輸入電力都轉換成推進力，推進效率奇高無比。

電路通電法還有一個明顯的特色，就是圖上所見的軌道狀電流。我們將兩側軌道的電流和船體磁場代入弗萊明左手定則——各位也可以自己伸手確認——就會發現軌道電流的功用在於將船維持於雙軌之間。當船即將向左偏離軌道時，會受到向右的電磁力作用，即將向右偏離時也會受到向左的電磁力作用，因此船會循著軌道前進。換句話說，我們可以利用軌道引導船隻的航向。

假如在神戶港鋪設這套電路系統，並利用電磁推進拖船牽引、頂推傳統螺旋槳船（被拖帶船舶），陸上的航管中心就能集中管控所有船隻的動線，大幅提升港內交通效率與安全。雖然這個方法難就難在海中電路的鋪設工程，但日本作為一個四面環海的國家，不是很值得發展這麼一個代表性的技術嗎？

第14話　電磁推進船的系統機制

一路聊下來，相信各位也已經大致理解電磁推進船的概念、運作類型以及研發歷史。那麼這一節我要介紹電磁推進船的硬體部分。

首先，圖14・1為電磁推進船的整體構造。這張圖是以直流內磁場方式的電磁推進船為範例，可以看到主要分成動力系統、強磁場產生系統、操縱&控制系統三個部分。

動力系統

先看動力系統。動力系統是提供船隻推進力的部分，由原動機、發電機、海水通電電極構成。原動機通常是燃氣渦輪等傳統技術；發電機的部分可以是傳統的普通導體，但

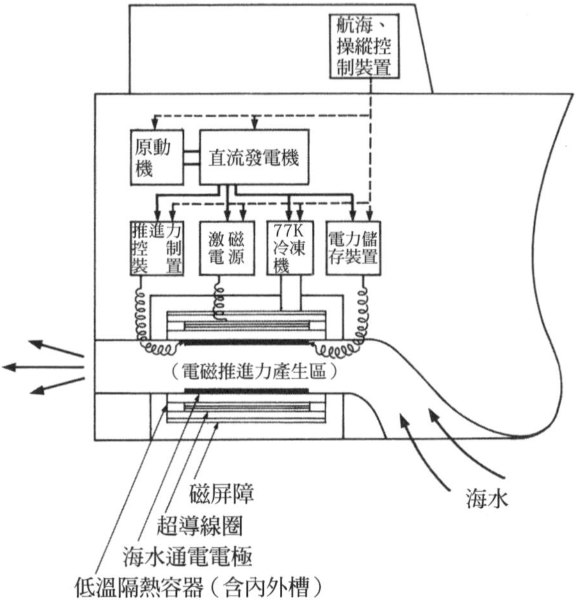

14.1 電磁推進船的整體構造

我認為以超導磁鐵來代替才是明智的選擇。因為發電機超導化之後體積更小、重量更輕，效率更佳。而最後海水通電電極的部分是電磁推進船才有的特殊構造，所以我稍微說明一下。

先解釋海水中的電流就是怎麼一回事吧。電流的定義是電荷的流動，因此海水電流就是海水中的鈉離子和氯離子流動的現象。鈉離子帶正電，氯離子帶負電，因此兩種離子若往同一方向流動，代表正負電荷相抵，也就不會有電流產生。

所以若要於海中製造電流，必須對海水施加電壓，比方說讓鈉離子往右流動、氯離子往左流動。而為了讓離子持續移動，以直流磁場式的電磁推進船來說，必須持續從外部提供電流。這個外部電流是透過電線（銅線）輸送，所以我們要設法讓電線上的電流，也就是電子和海水中的鈉離子和氯離子進行交換。負責這項工作的是電極板，陽極拿走氯離子（Cl^-）的電子並產生氯氣，陰極則將電子釋放到海水中，和鈉離子（Na^+）結合成鈉。這些初期產物會觸發海水後續的化學反應，最後陽極會產生次氯酸鈉，陰極則產生氫氣和氯化鎂。這是海水正常的電解反應，當中產生的氯腐蝕性強、次氯酸鈉有毒、氫氣容易引爆，氯化鎂則會附著在電極板表面，降低電極板使用效率。

有位科學家成功測定了這些電解反應產物的份量，這個人就是那位發明了馬達和發電機的法拉第。他做出發電機後，認為必須確認發電機產生的電和電池產生的電是否相同，於是決定以電解實驗來驗證。結果他不只確認了兩者產生的電是一樣的東西，還連帶發現了電解反應產物的生成量和電極板提供的電荷量（電流×時間）成正比。假設以一千安培的電流電解海水一小時，會得到約二·五公斤的次氯酸鈉、約二五〇公克的氫氧化鎂、約四十公克的氫氣（約四二〇公升）、未與其他物質反應的氯氣約一五〇公克（約五〇公升）。這些電解產物就是直流磁場方法最令人頭痛的問題，科學家無不想方設法克服這個缺點。以下介紹幾種解決辦法。

現在為解決電極板腐蝕問題，大多會在鈦陽極板上鍍一層白金（鉑）。以往的模型船改用鍍白金電極板後，問題都得到明顯改善。然而這種方法也只是治標不治本。若要治本，得想辦法避免產生電解產物中問題最大的氯。有位美國人就挑戰開發這種新電極材料，他的名字是班內特（J.E. Bennett）。他一九八〇年時發現，如果在傳統電極板表面鍍上一層薄薄的二氧化錳，陰極的電解產物就會是氧氣而不是氯了。

至於山梨大學的古屋等人則是用氣體擴散電極取代傳統的金屬板電極，以外接方式供輸氫氣，避免海水通電時電解出氯。雖然上述兩種方法都還不夠成熟，但也讓人窺見海水通電難題解決的希望。

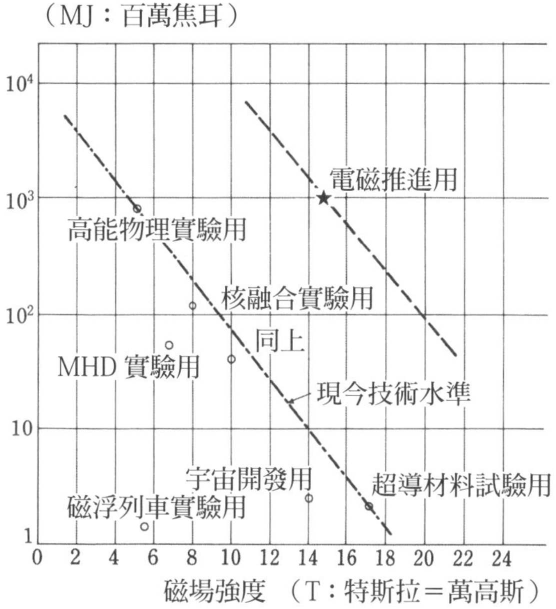

14.2　各種超導磁鐵比較

強磁場產生系統

接著來談強磁場產生系統，構成要素包含：超導磁鐵、維持超導磁鐵處於低溫的低溫隔熱容器（低溫恆溫器）、磁鐵激磁電源、低溫恆溫器用冷凍機、磁屏障。

其中最重要且最高科技的東西就是超導磁鐵。我在圖14．2中列出了好幾種超導磁鐵的磁場強度和大小，可以看到電磁推進用的超導磁鐵需要超乎以往的強力磁場和廣大作用範圍。設計這種強磁場的大型超導磁鐵時，最大的問題在於如何提升超導電線的電流密度，以及如何支撐作用於電線的強大電磁力。

先探討電流密度。當磁場強度上升，超導電線上的電流密度便會迅速降低。所以鈮鈦合金超導電線所能承受的磁場強度最高頂多九萬高斯，鈮化錫超導電線也不超過二十萬高斯。要在電磁推進船周圍大範圍區域產生二十萬高斯的磁場，超導電線起碼要能承受三十萬高斯的強度，因此以往的金屬類超導體根本無法用來製作電磁推進船的超導磁鐵。此時出現的救星就是高溫超導體。超導體可承受的磁場強度與臨界溫度基本上成正比，因此科學家發現高溫超導體時，也預期它能承受超越以往的強力磁場。最近科學家試著將高溫超導體做成電線，證實其冷卻至液態氮的溫度（零下二六九度C）時，即使在三十萬高斯的超強磁場下仍能保有充足的電流量（一平方毫米約兩千安培）。這也顯示目前電磁推進船超導磁鐵最可行的做法，是用高溫超導體製作導線並降溫至液態氮的狀態下使用。

再來是如何支撐電磁力。我們需要一個既輕巧又高強度的支撐材料，所幸大多材料降溫之後強度都會大幅提升，因此這對現代技術來說並不構成問題。例如用玻璃纖維強化塑膠製成的複合材料（G-FRP）冷卻至液態氦的溫度後，抗拉強度可達每平方毫米一百公斤重以上。若以G-FRP來保護二十萬高斯下直徑一公尺的圓筒，厚度只需要八公分就夠了。有了以上條件，若二十一世紀後高溫超導電線的技術成熟，如此大規模的超導磁鐵應用研究也可能飛快成長。

另一方面，超導磁鐵用的低溫恆溫器和冷凍機也要能承受船隻的震動與晃動，不過這一點對現代技術水準來說並不是問題。減輕低溫恆溫器重量的部分，也可以考慮用G-FRP解決。現在市面上也已經買得到低溫環境下能夠正常使用的G-FRP製液態氦容器了。至於冷凍機因為要在強磁場中運作，所以每個零件的材料都要仔細考慮；但這也難不倒現代的技術。

激磁電源的部分對現代科技來說同樣不是問題。若使用永久電流模式的超導磁鐵，船上不搭載電源也沒關係。強磁場產生系統還有一個問題要解決，那就是磁屏障。磁屏障的概念我們已經在第8話說明過，所以這邊不再贅述。從重量的角度來考慮，鐵是不用考慮的，一定得用超導磁屏障。現在科學家也在研發薄膜型高性能超導磁屏障，相信幾

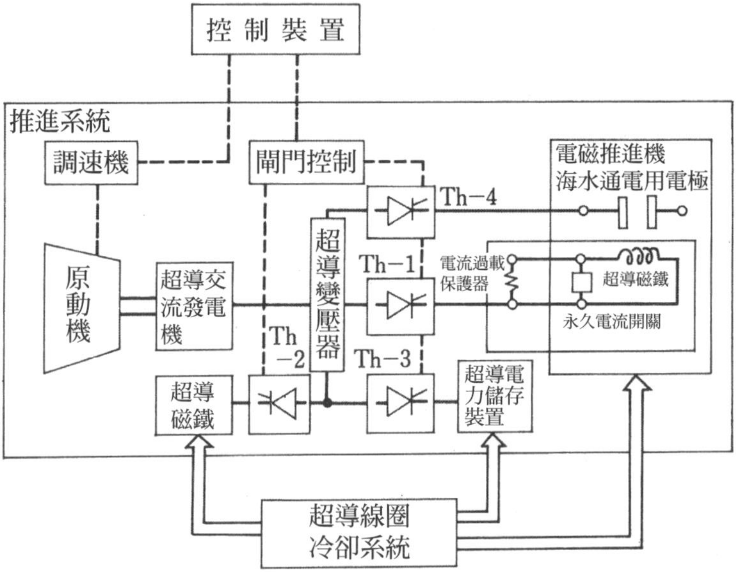

14.3 全超導體電磁推進系統

年之後就能實際應用了。

圖14．1中還有電力儲存裝置。雖然基本上不需要，但這裡可以儲存發電機產生的多餘電力，當船隻緊急加速或緊急停止等需要輸出龐大海水電流的情況下就可以從這裡供電。可急行急停是電磁推進船的一大特色，而電力儲存裝置有助於船隻充分發揮機動性。不用說，這邊的電力儲存裝置也是用我們第5話提過的超導型設備。

除了以上裝置之外，海水通電用的發電機也可以改成超導型，大幅縮小尺寸和重量。倘若超導電磁推進船的時代正式來臨，船隻內部構造就會像圖14・3一樣擺滿超導體裝置，包含大型強磁超導磁鐵、超導發電機、超導電力儲存裝置、超導變壓器以及超導電纜。那或許也是我們超導科學家的全盛時期呢。

第15話 電磁推進船適合哪些用途

來到電磁推進船主題的最後一節，我想跟各位聊聊我對電磁推進船的應用懷著怎麼樣的夢想。我們前面說電磁推進船主要有五項特徵：

①電磁推進機若能產生夠高磁場，推進效率也會很高，且高速狀態下不會降低推進效率。

②船體外不會有螺旋槳之類的凸出物。

③可透過海水通電量與方向來控制推進力的大小、方向，所以船隻可以前後左右自由移動。

④若採電路通電方式，陸地上的航管中心即可集中管控多艘船隻。

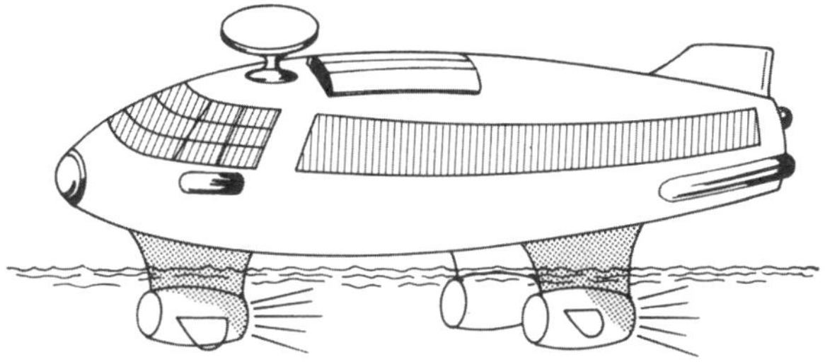

15.1　超高速電磁推進船的構想示意圖

⑤沒有機械式旋轉機構，所以不會有傳統推進機的震動與噪音。

以下我們依序來想想每項特徵適合應用在哪些方面。

超高速船

高推進效率且在高速下推進效率不減的特徵，非常適合應用於超高速船。現在的貨櫃船時速大約只有四十～五十公里，若能提升三倍，比方說時速一五〇公里，從神戶港出發前往舊金山金門大橋大約一萬公里，航程就用不著三天。而未來預期將更加活絡的亞洲經濟圈物資運輸網，若搭乘超高速船，從神戶到香港二五〇〇公里的航程只需要十七小時，從神戶到新加坡約五三〇〇公里也只需要大概三十五小時。若非真的很緊急的貨品，這個速度和空運可有得比了。以日本國內海運來說，從九州到東京大約一〇〇〇公里的航程可縮短為七小時，在運送生鮮食品等領域也足以和貨車打對台。日本運輸省（類似交通部）著眼於此，一九八九年度也啟動了新型超高速貨船開發專案。看這樣子，船隻高速化也是時勢所趨。

開發超高速船時，最大的問題在於船型。畢竟船的速度一快，推進阻力也會以超越船速平方的比例飆升，影響因素包含了船體摩擦阻力、造波阻力等等。若無法輸出足夠馬力，船就無法以理想速度航行。圖15・1的水翼船便是其中一種高速船造型提案，利用水中的翅膀架起船體，讓船體完全不與海面接觸。由於水的比重是空氣的八百倍左右，所以水翼不用做得像飛機機翼那麼大。整艘船只有推進機和水翼泡在水裡，並利用細支架支撐主要船體。電磁推進機的優點不只是能在高速下維持高推進效率，就連這種配置方式也不是問題。好比說將內磁場型電磁推進機設計成類似飛機噴射引擎的造型，並在兩側加裝小側翼，就能產生浮力和推進力；至於電磁推進機的電力也可以從船體的發電機牽電纜供輸。這簡直就是二十一世紀的夢幻船。

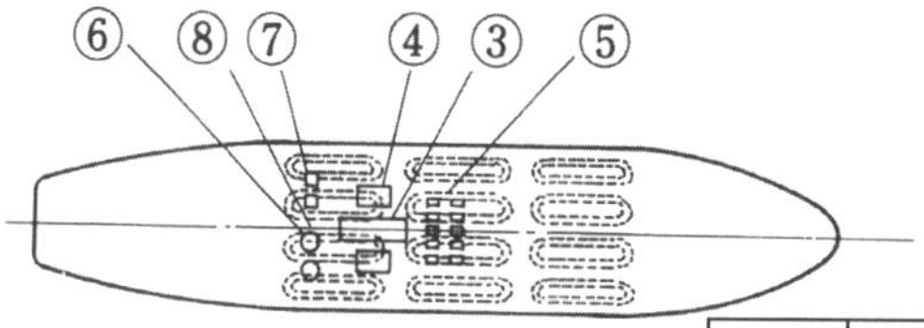

編號	數量	品名
9	1 套	磁屏障
8	1	液態氦儲放槽
7	2	壓縮機
6	2	冷凍機
5	10	激磁電源
4	2	鍋爐
3	1 組	渦輪與發電機
2	12	超導線圈
1	1	船體

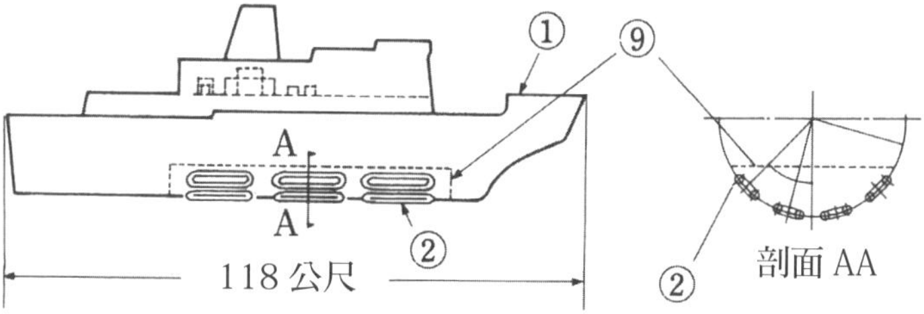

15.2　電磁推進碎冰船構想示意圖

破冰船

而船體外沒有螺旋槳等凸出物的特徵，最適合應用在破冰船上。破冰船一直以來都無法免除船頭擊碎的冰塊衝撞船尾螺旋槳、造成毀損的風險，如果是沒有凸出物的電磁推進船就不會有這個問題。只不過內磁場型船隻的海水吸入口可能會被冰塊堵住，所以破冰船比較適合做成外磁場型。圖 15．2 就是根據以上基本概念所設計的電磁推進破冰船。

圖為排水量一萬五千噸的破冰船，電磁推進方式採用魏依想出的多重雙圓桶座標型。這艘破冰船的船底搭載了十二顆超導磁鐵，一顆長十三公尺、海中最大磁場可達七萬高斯。船底穩定輸出四百噸重的推進力，最大可達二五〇〇噸重。

由於設計上超導電磁的部分力求輕巧，所以總重量只有船隻排水量的百分之十二左右，和螺旋槳船的螺旋槳、傳動系統的重量差不多。雖然目前不存在這種大型強磁超導磁鐵，但我認為以現在的技術水準，花個數年仔細研究金屬類超導電線還是有可能實現的。若未來成功開發出高溫超導體，北海的破冰ＬＮＧ船也能做成使用天然氣冷卻系統的超導電磁推進船。

海洋開發基地

接著我們談談電磁推進ＤＰＳ（動態定位系統）。ＤＰＳ是Dynamic Positioning System的縮寫，這個系統可以確保漂浮在海上的海洋開發基地位置不變，而且充分發揮了電磁推進優越的控制性能。電磁推進ＤＰＳ的構想如圖15・3所示，壓載艙底下配置

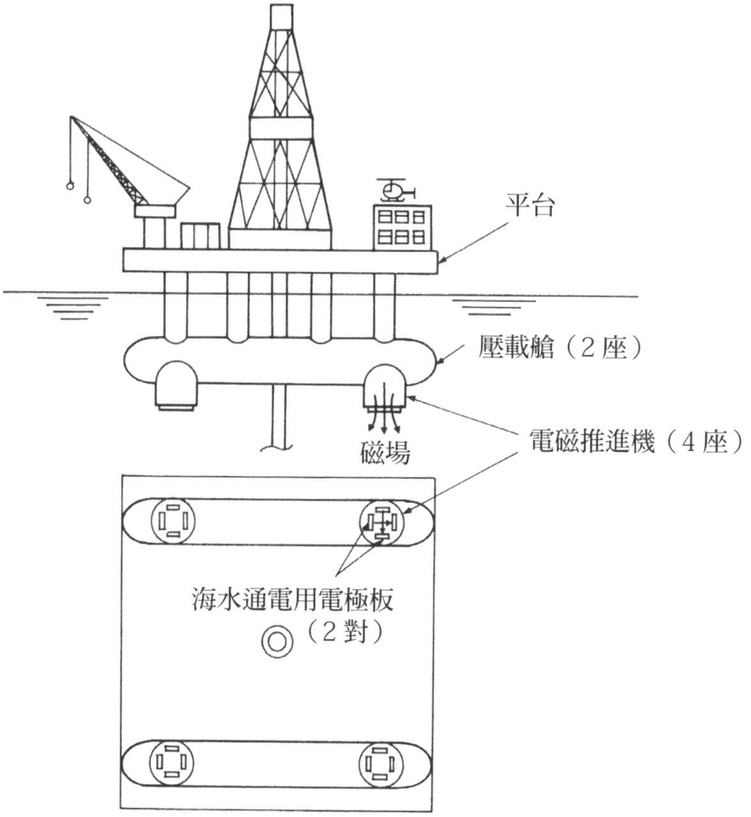

15.3　電磁推進 DPS 構想

了四座外磁場型電磁推進機，且各設置兩對相互平行的海水通電用電極板。如此一來基地就可以透過四台推進機瞬間輸出三百六十度任一方向的推進力。若於平台周圍加裝感測作用力與傳遞速率的感應器，還能精準算出需要產生多少力來對抗波浪、海流、風的力

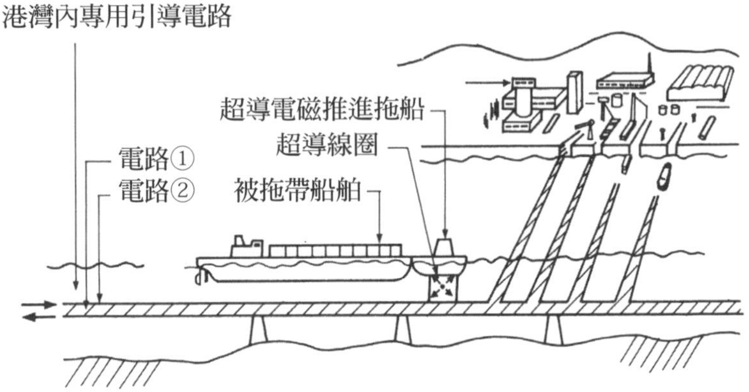

15.4 船舶引導控制系統的構想示意圖

量，讓平台寸步不離原位。

電磁推進的這項優點也能在海底作業船上大顯身手。若使用電磁推進方式，作業船不只可以前進、後退，連左右、原地旋轉都能輕鬆辦到，還能抵銷作業時船體受到的反作用力。傳統的螺旋槳根本做不到這些事情。對於特別講求作業靈活度的海洋開發領域來說，電磁推進方式絕對能發揮莫大的效益。

雖然大家都說二十一世紀應該放眼宇宙，但我認為開發地球的海洋也很重要。海上娛樂、海上都市、海上牧場、海上發電所，甚至海底石油、海底礦物、海水溶解物質回收利用……海洋蘊藏著無盡的夢想。不知道什麼時候可以看見海上牧場的牧童騎著電磁推進水上摩托車跑來跑去的景象呢。

船舶引導控制系統

接下來介紹的船舶引導控制系統，利用了電磁推進不須直接接觸也可以操控的特性。這套系統使用了第13話的電路通電方式，概念如圖15．4所示。假設我們在神戶港內的大型船舶航行管理區鋪設這種電路軌道，就可以用電磁推進拖船來拖帶傳統螺旋槳船。拖船搭載著磁場方向向下的超導磁鐵，水下電路通電後，電路①的部分會產生推進力，電路②的部分則會產生引導拖船依循軌道航行的作用力。於是陸上航管中心可以藉此引導所有被拖帶船舶停靠至規定的棧橋。

若採用這種系統，航管中心就能掌控管區內所有大型船舶的動向，狹小港灣也可以同時容納多艘船隻航運，大大改善港內物流處理效率。而且還能協助規劃海峽內的安全航路，避免船隻觸礁。

最近日本流行起了河運，這方面也可以使用船舶引導控制系統。因為船舶引導控制系統中通電的不是海水而是電路，所以淡水的河川也適用。使用這項技術的話，全自動河運系統也有可能實現。尤其在那些陸上交通已經飽和的大都市，水上交通也是時候來場大膽的技術革命了。而其中的關鍵，就是超導電磁推進技術。

潛水艇、海中觀光船

以上主要都是我國提出的想法，而美國也有提出幾項電磁推進的應用方法，其中一個是潛水艇。他們想出的潛水艇採用推進效率超高的外磁場推動方式，加上潛水艇船體本身阻力也很小，根據美國西屋電氣的魏伊表示，這種潛水艇推進效率最高超過百分之八十。

假如這種潛水艇的技術成熟，打造一艘海底觀光船也不是問題。這時電磁推進船幾乎無噪音、無震動的特性將會大放異彩。如果電源也用儲存性電池或燃料電池，甚至還可以免除一切震動和噪音，保證提供旅客一趟舒服至極的海中觀光之旅。這麼一來也不會驚擾魚兒的睡眠，人類和魚絕對有辦法和平共存。

本節就聊到這裡，各位年輕朋友不妨也試著想像電磁推進技術的特殊現象可以怎麼運用。

第4章

超導體應用的現狀與未來展望

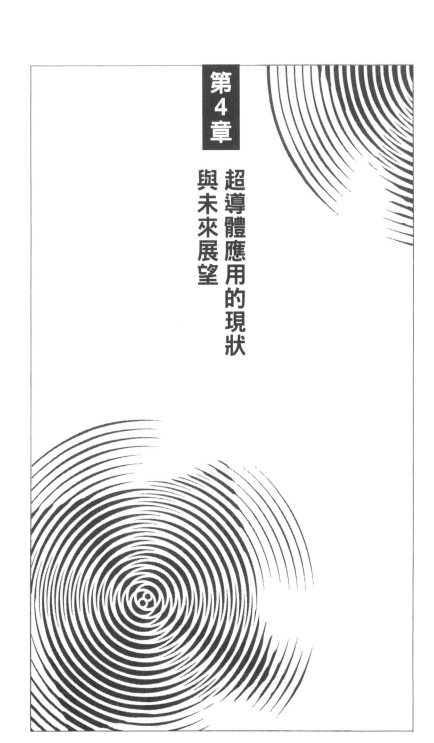

本章作為全書總結，我將介紹運輸、醫療、電力、基礎科學（電子學除外）等今後超導體應用上較有發展潛力的四大領域現況，還有高溫超導技術的未來展望，描繪二十一世紀「超導時代」的願景。

第16話　運輸領域

已趨近實用的磁浮列車

磁浮列車是運輸方面最接近實用階段的超導體應用技術。現行鐵路的車輛都是藉由車輪在軌道上行駛，磁浮列車則是利用磁力讓車體漂浮在半空中行進，沒有車輪，因此不會有車輪和軌道之間摩擦的噪音。這是磁浮列車最大的好處，只不過要產生推進力得花點心思。現行列車的行進原理是利用車輪與軌道間的摩擦力，但摩擦力在磁浮列車上可不管用。科學家最早在構思磁浮列車時曾嘗試使用噴射引擎，然而噴射引擎的噪音實在太大，所以最後並沒有實現。後來一九六六年，美國人丹比（G. T. Danby）想出使用線性感應馬達作為軌道的方法，此後磁浮列車的行進方式便以線性感應馬達為大宗。

那麼具體上是怎麼個飄浮法？其實方式很多，比較具代表性的為圖16・1的三種方法。

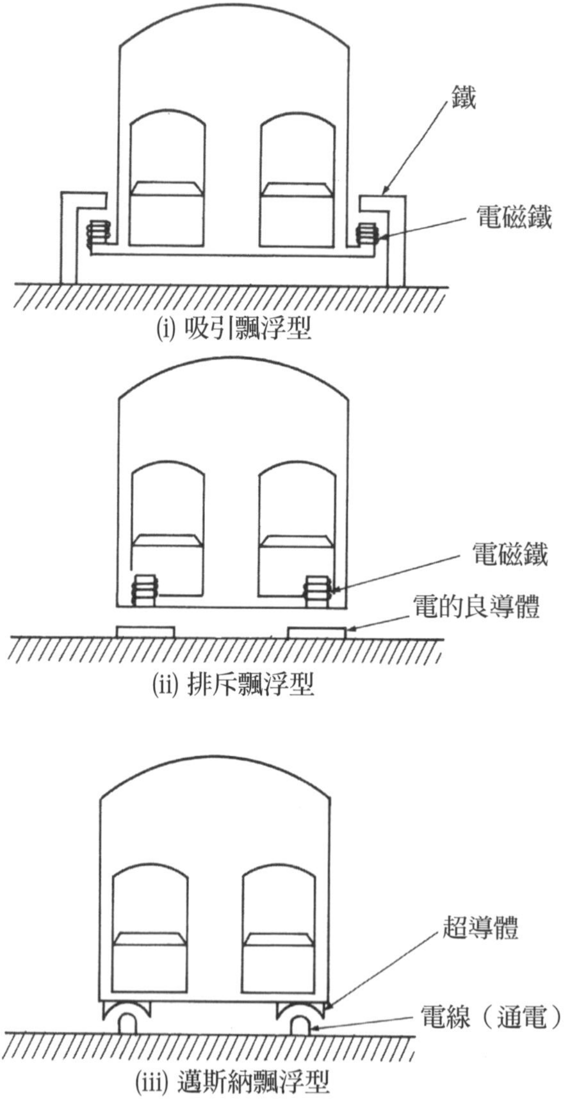

16.1 磁浮方式的種類

用電磁鐵的吸引力吸住車體是目前技術上最接近成熟的方法（圖16・1(i)）。原則上電磁鐵愈接近鐵軌吸力愈強，所以必須時時仰賴人為控制電磁鐵的磁場強度，避免兩者黏在一起。但這種方法的好處是低磁場也能產生很強的吸引力，所以使用技術上早已無虞的常導體電磁鐵就行了。德國的磁浮列車「Transrapid」就是採用這種飄浮方式，且已經鋪設全長三一・五公里的實驗軌道，還設計出營業用車輛「Transrapid 07」（設計時速五百公里），開始模擬各種實際運行後可能碰到的狀況。

至於以日本為主要開發國的排斥飄浮型（圖16・1(ii)）磁浮列車則是利用磁鐵行經導體上方時產生的浮力來飄浮車體，其原理我們第7話（圖7・9）已經說明過了。這種方式雖然不需要操控飄浮的狀況，不過需要一萬高斯的強力磁場才能讓車體浮起來。而且因為磁鐵要放在車上，必須減輕重量，因此唯一的方法就是使用超導磁鐵。這類型的列車是由日本財團法人鐵道總合技術研究所主導開發，一九七九年無人實驗車ML-500於宮崎縣內七公里的實驗線上跑出時速五一七公里，打破了世界紀錄。現在他們也開始用可乘載四十四人的實驗車MLU-002進行載客實驗，研究如何改善乘坐舒適

16.2 排斥飄浮型磁浮實驗列車 MLU-002
（照片／財團法人鐵道總合技術研究所）

度。此外山梨縣內也正在建設一條全長四十三公里的實驗線。該實驗線將成為實際營運的第一步，預計二〇〇一年正式開通東京—大阪單趟僅需一小時的中央新幹線。

最後要介紹的方法則是利用超導體的基本性質——邁斯納效應的飄浮方式（圖16・1(iii)）。一九六三年，美國布魯克海文國家實驗室（BNL）的科學家波威爾（J. R. Powell）嘗試使用超導體特有的邁斯納效應（39頁）來飄浮車體。當我們對地上鋪設的電線通電並產生磁場，車體底部的超導體就會因為邁斯納效應而排斥其磁場，獲得浮力。這項原理也可以應用於一般道路，但金屬類超導體的冷卻準備太費力，所以並不實際。不過如今高溫超導體發展迅速，若未來出現能在室溫下運作的超導體，這個方法就有可能實現；許多科學家也已經開始模擬屆時的狀況，開始進行磁浮駕車實驗了。

以上就是磁浮列車的概觀。就現在發展的進度來看，最有可能搶先開通的磁浮列車應該是德國的Transrapid。因為他們用的是常導體，而且目前已經連營運用車輛都設計出來了。居次的則是我國鐵道總合研究所的超導式ＭＬＵ。這類磁浮類車未來面臨的最大技術難題，就是如何提升超導磁鐵的穩定性。

而美國也準備傾盡全國的力量積極研發磁浮列車，全力追趕上述兩大計畫。美國的交通系統大致是由飛機和汽車構成，不過二十一世紀在即，兩者都已瀕臨超載，如果從空汙的角度來看也有堆積如山的問題；因此美國政府打算鋪設全國磁浮鐵路網來解決這些問題，也有人說他們最終的目標是將這項技術發展成一項可出口的產業。雖然美國還沒決定要採用德國的常導型還是日本的超導型，但從他們對於高溫超導體傾注的熱情以及現在開始研發的時間點來看，十之八九會選擇發展潛力十足的超導型。照這個情形來看，超導磁浮列車成為你我身邊最熟悉的超導應用技術，在全世界跑來跑去的日子或許也不遠了。

陸上運輸的另外一根棟樑是「汽車」。超導電動車也是我的夢想之一。如果未來室溫超導體技術成熟，我們就可以直接鋪滿整個路面，同樣運用邁斯納效應讓車體漂浮，車上再搭載移動磁場產生裝置——我們說短定子（short-stator）線性感應馬達——車子即可上路行駛（圖3．4）。假如這項技術實現，就能大幅減少路上噪音和震動，也不會造成路面損傷。

什麼是電動推進

我們接著聊聊海上運輸。這部分除了我們先前聊過的超導電磁推進船外，還有超導電動船。這裡我們要介紹的是電動（推進）船。

電動船是一種用馬達驅動螺旋槳的船型，而馬達的旋轉運動力是藉由齒輪傳遞給螺旋槳。在齒輪製作水準還很低落的第二次世界大戰期間，美國就造了不少電動船。至今幾乎所有船都是藉由齒輪將原動機產生的動力傳遞至螺旋槳。馬達驅動方式可控性高，因此破冰船、研究船等特殊船種現在也都採用電動推進系統。假如用超導體取代電動船上搭載的傳統發電機和馬達，就成了超導電動船。換成超導體後最大的好處，以大型船為例，發電機和馬達的重量可以減輕至原本的五分之一，大小（容積）也可縮小為原先的十分之一。螺旋槳的驅動系統縮小後，我們就可以將馬達放進瓶狀容器再裝上螺旋槳，隨意裝設在船體的各個地方，船體造型也將打開全新的可能。

率先正式開發超導電動船的是美國。美國於一九八〇年造出了超導電動推進實驗船「Jupiter II」（全長二十公尺），搭載四百馬力的超導馬達和三百千瓦的超導發電機，且成功於海上航行。我國自一九八〇年起也在日本船舶機器開發協會的主導下投入開發，一九八五年成功做出船用超導馬達。

超導電動推進法可用於北海等海域上負責運送液化天然氣的ＬＮＧ破冰船，還有時速超過一百公里的高速商船。科學家認為若要朝著實用方向發展，超導機器最好設計成使用交流電的型式，然而現階段冷凍交流超導機器的負擔太大，看不見實質效益；所以當務之急是開發出液態氮溫度下即可使用的交流高溫超導線材，減輕冷凍作業的負擔，提升超導機器的穩定性。

電磁彈射器、太空梭加速器

本節最後我們轉向航空、航太領域。飛機上能應用超導體的部分以感應器、電腦等超導電子機器為主，所以此處省略。至於機場設備的部分則有兩、三種可以運用大型強力磁場的想法。其中一個是電磁彈射器，利用線性馬達加速飛機，協助起飛。如果跑道表面鋪上一層室溫超導體，那麼飛機就可以跟前面提過的超導車一樣在磁浮的狀態下加速、起飛了。

倘若這項技術實現，飛機就不需要在機場內啟動噴射引擎，可以大幅減輕機場周邊的大氣汙染和噪音問題。同樣一套技術也可以應用於飛機降落的環節。尤其飛機著陸時，車輪會承受龐大的衝擊力，因此至今爆胎意外仍時有耳聞。若跑到表面鋪設室溫超導

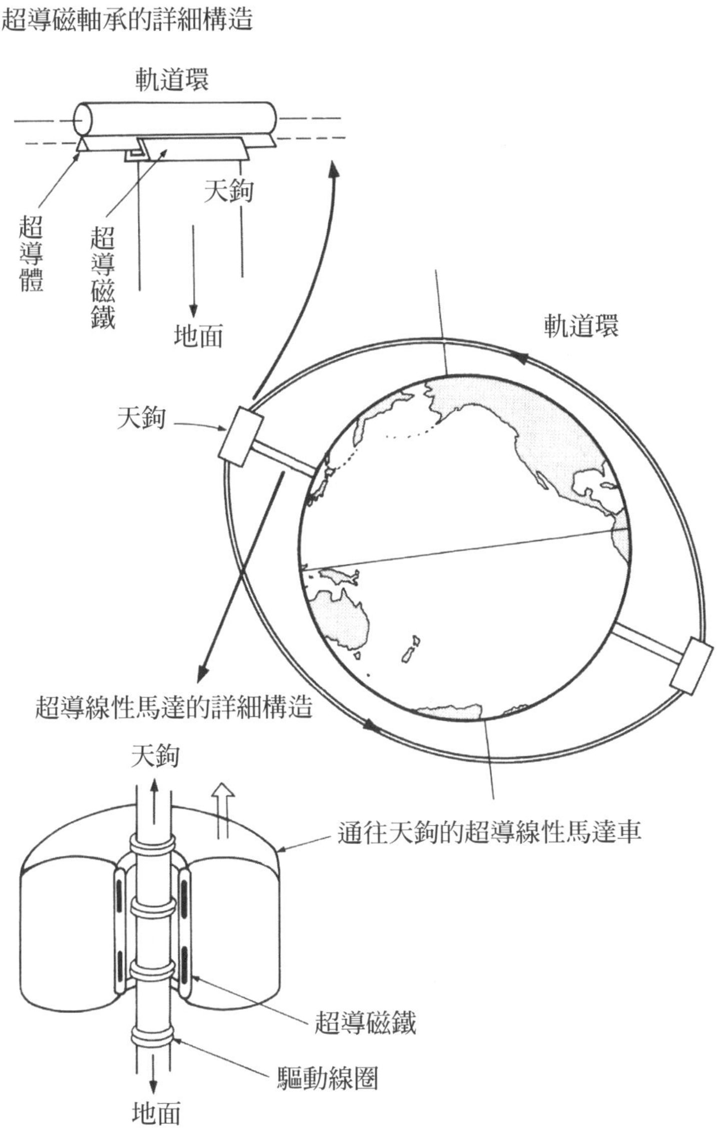

16.3　軌道環系統（Orbital Ring Systems）

體，飛機降落前就可以先通電機體上搭載的電磁鐵，利用磁浮原理著地、滑行了。

至於太空運輸方面也有不少人提出超導體應用的可能方案。因為現在透過化學火箭輸送物資上太空的效率實在太差了。好比說目前日本最大的太空火箭H－Ⅰ發射時的重量約為一四〇噸，其中頂多只能將三噸的物資送上離地三百公里的人造衛星軌道。這代表我們發射出去的東西基本上只是燃料和火箭本身。想要解決這項缺點，可以改用地上的電力提供發射時所需的能量。

例如將圓筒形線圈排成一條筆直的軸線，再放入裝設磁鐵的太空梭，利用線圈依序通電的方式來加速太空梭。這種加速方法和磁浮列車使用一樣的線性感應馬達，不過太空梭加速器的線圈設置距離不用像列車軌道那麼長，因此可以將所有線圈超導化，提升動力效率。據說這種方法甚至可以將發射重量一半重的物資送上人造衛星軌道，不過缺點是會產生超高加速度，人根本無法承受。但未來需求量龐大的宇宙建設用器材，或許就可以用這種方式送上太空。

宇宙浩瀚無垠，所以當我們構思如何將超導體應用於宇宙運輸上的時候，總會冒出壯闊的點子。這邊跟各位分享其中一項驚人的發想：軌道環系統（圖16・3）。這套系統的概念是在人造衛星運行路線上架設一條環狀軌道，軌道上設置兩處反曲點（天鉤，一種讓東西掛天上的鉤子），設法讓反曲點持續產生遠離地球方向的力，並利用這份力來支撐從地表搭建上去的支柱。如此運轉中的環便會持續以超高速穿過支柱頂端，而這裡要搭配超導磁力軸承，運用邁斯納效應免除摩擦。這麼一來我們就能順著支柱輕鬆登上和衛星一樣離地三百公里的天鉤點。分享一個資訊給各位比較，波音747的巡航高度約為海拔十公里。而通往天鉤點的移動手段，當然也是利用超導線性馬達來驅動。如果真有那麼一天，「搭乘超導車上太空的蜜月旅行」可能也會成為大家習以為常的景象呢。

為了開拓宇宙的應用技術，我們得先降低宇宙運送的難度，而其中的關鍵同樣是超導技術。相信不久之後，當今最先進的科技「超導體」將有助於我們打造從地表通往宇宙的道路。

第17話　醫療領域

超導體現在的應用成本還太高，只有在某些特別有運用價值的領域使用才划得來。其中一個就是醫療，而醫療也是現在超導體應用產品的核心領域。

ＭＲＩ（磁振造影檢查儀）

最具代表性的例子是ＭＲＩ（Magnetic Resonance Imaging：磁振造影檢查儀）。ＭＲＩ原本是用於調查物質內部狀態的物理實驗方法，我以前也曾用ＭＲＩ研究過木材冷卻至零度Ｃ以下時會有多少水沒結凍。當時我將木材放入大概一萬高斯的磁場中，並在短時間內施加數十百萬赫茲的高頻磁場，讓木材中構成水分子的氫原子核轉向與一萬高斯磁場垂直的方向。靜置一段時間後，水的原子核會轉回與一萬高斯磁場相同的方向，不

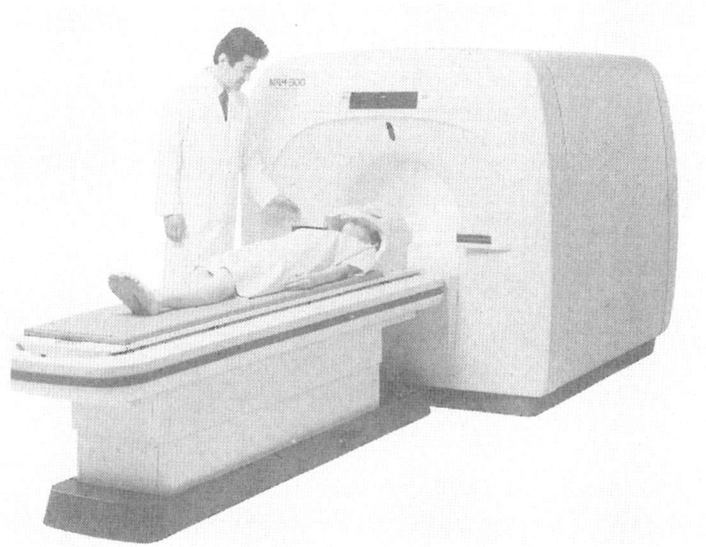

17.1 MRI-CT 儀器／日立「MRH-500」（照片／日立製作所）

過固態的冰和液態的水重新對齊的耗時不同；冰的氫原子會很快重新對齊，而水的氫原子則遲遲無法轉回原位。反過來說，只要觀察氫原子方向的變化，就能判斷其周圍的狀態。我當時實驗的結果，發現木材內部的水分必須冷卻到零下九十度C才會完全凍結。

我們可以利用MRI的原理對人體各部位進行斷層掃描，並設定氫原子回正時間較短的部分為白色、較長的部分為紅色，繪製出斷層照片。一般來說骨頭的部分會是白色，其他的部分則會呈現紅色。如果本該呈現紅色的地方卻發現白色斑點，代表可能有腫瘤。

ＭＲＩ從物理實驗室走入醫療的時間並不長，一九七〇年才開始。後來一九八〇年，英國諾丁漢大學更結合ＣＴ技術（電腦斷層掃描儀），首次成功拍下人體腦部的ＭＲＩ斷層照片。此後，醫療研究機構開始積極採購ＭＲＩ-ＣＴ儀器，大醫院現在也陸續跟進（圖17．1）。

ＭＲＩ儀器需要在一定空間與時間內產生極其穩定的強力磁場，所以會使用永久電流模式的超導線圈。以往磁場強度一萬高斯的高磁場機型才會用超導體，五千高斯以下的低磁場機型則使用常導體，不過最近人們看上超導電磁鐵卓越的穩定性，所以連低磁場機型的磁鐵也開始慢慢改用超導體來取代常導體。實際上，這些年來的超導ＭＲＩ儀器維護已經簡便許多，只需要每一～兩個月補充一次冷卻超導磁鐵的液態氦，每年替超導磁鐵充電個兩次就好。目前日本已有六百多台ＭＲＩ儀器投入醫療體系，其中大約有七成是超導體機型。

估計ＭＲＩ儀器今後將更為普及，而目前日本的儀器最高可產生兩萬高斯的磁場，也有人試圖進一步提高磁場強度上限。若成功提升磁場強度，就能分析氫以外的人體構成元素，包含鐵、納、磷等原子核的狀況，取得更多人體內部的資訊。我想總有一天，我們可以只靠ＭＲＩ－ＣＴ檢查完全掌握人體的健康狀態吧。

ＰＥＴ（正電子放射斷層攝影）

接下來要介紹ＰＥＴ系統。ＰＥＴ是Positron Emission CT的縮寫，意思是「正電子放射斷層攝影」。正電子是電子的反物質，和電子結合後會產生一種光，不過是比可見光波長短上許多的伽馬射線。ＰＥＴ的診斷原理運用了正電子＋電子→伽馬射線的反應。首先我們要將藥物中與人體化合的元素取代成會釋放正電子的同位素；當藥物進入人體後，便會與特定體組織化合，持續釋放出正電子，並瞬間和周遭的電子結合產生伽馬射線。我們只要測量釋放出體外的伽馬射線，就能掌握吸收藥物部位的狀況。ＰＥＴ系統是運用以上方法直接診斷體內活動狀況，而前述的ＭＲＩ－ＣＴ則是用於觀察斷層構造，兩者的功能大不相同。

ＰＥＴ儀器和超導技術有什麼關係？其實釋放正電子的同位素，就需要利用超導磁鐵的強磁場來產生。同位素可用高速質子（氫離子）衝撞一般藥物產生，其中要讓質子加速並撞擊正確的位置，就需要超導磁鐵的強磁場。

目前日本已經有十五台正式運作的ＰＥＴ系統，每一台都有裝載常導電磁鐵的質子加速裝置。不過最近英國開發的ＰＥＴ系統首次使用了超導磁鐵，大幅減輕了機器重量（至原本的五分之一），耗費電力也大幅減少（至原本的五分之一），完完全全發揮了超導體本身的特性，也吸引了世人的目光。

生物磁檢測系統

接下來介紹一種比較特別的人體診斷系統，叫作生物磁檢測系統。日本於平成二（一九九〇）年三月，成立「超導感測研究所」專門研究這套系統。人體其實有很多地方都會產生磁場，只是很微弱。例如心臟每跳動一次就會產生約百萬分之一高斯的磁場，腦部活動時也會產生再小兩個位數的微弱磁場。不過只要運用超導體的基礎性質，我們也能測量到如此微弱的磁場。

這裡要運用超導體「磁通量量子化」的特性。因為這屬於微電子學的概念，所以前面我並沒有特別解釋。總之簡單來說，當我們施加磁場於一個用超導體製作的環，能通過環中央的僅有通量量子Φ_0（phi Zero，2×10^{-15} G・cm^2：G為高斯），一種極小磁通量的整數倍。利用超導體的這項基本特性，我們就可以測量到微弱磁場，而測量用的超導元件稱作SQUID（超導量子干涉磁量儀）。

SQUID生物檢測系統尚處於研究階段，還沒實際應用在醫療儀器上。芬蘭赫爾辛基大學開發出一台精密腦磁場測量儀，由二十四組金屬類超導體製SQUID構成，只要裝在頭上就能處理訊號，找出腦波產生的部位並解讀訊號波形，未來有望廣泛應用於診斷腦功能障礙和腦功能研究等領域。蘇聯也成功以高溫超導SQUID做出只需要用液態氮冷卻的心臟磁場測量儀，這對將來實際運用來說是相當有利的條件。雖然生物磁檢測的研究目前是由歐美領先，不過日本也剛成立新公司，期待研發腳步能迅速趕上。

π介子照射癌症治療技術

本節最後我想介紹一種運用超導磁鐵的治療裝置——利用π介子照射患部以治療癌症的裝置。

我們得先講一些基礎物理知識。原子是由原子核和周圍繞行的電子所構成，而原子核是一團中子和質子，其中將中子和質子黏在一起的則是π介子。π介子的功能就像膠水，是幫助原子核成形的重要粒子。一九三五年，湯川秀樹博士便預測π介子的存在。直到一九四七年科學家發現π介子存在於宇宙射線中，湯川秀樹才因此成了史上第一位榮獲諾貝爾獎的日本人。相信大家對這件事情也不陌生。π介子有的帶正電、有的帶負電，也有的不帶電。其中科學家發現帶負電的π介子性質上容易進入原子核（皆帶正電），並破壞原子核。一九六一年，美國普林斯頓大學的福勒（P. Fowler）等人提出利用π介子照射腫瘤破壞癌細胞的癌症療法，於是相關研究熱絡了起來。一九八二年瑞士保羅謝爾研究所（PSI）也設置了治療人體的儀器，至一九九〇年初已經治療了將近五百例癌症病患，成績相當優秀。

利用高速電子或質子照射金屬即可產生 π 介子，不過我們還需要一個強力磁場來統一 π 介子束的速度，並引導 π 介子進入人體。這個產生強力磁場的裝置就使用了超導磁鐵。從診斷到治療各個環節，都有超導技術的發揮空間。而醫學也是目前少數即使需要液態氦冷卻的高度技術條件，仍已實際使用超導技術的領域。當未來高溫超導體技術成熟，醫療用途肯定會更加廣泛，大大幫助我們打造健康舒適的社會。

第18話　電力領域

提到超導技術的零電阻特徵，自然會先想到如何應用於電力領域。而且二十一世紀近在眼前，一般家庭、辦公室、工廠，乃至於交通運輸都將進入全面用電的時代。考量到電能的乾淨、便利性還有可控性，這也是很自然的發展。

不過電最大的問題就是不易儲存，因為電無法像瓦斯和石油一樣存放在儲存槽內。但我們回想一下第5話的內容，只要使用超導體就可以克服這個最大的缺點了。目前超導體是唯一一項真的可以大量儲電的技術。

善用超導體，還可以將現有電器變得更節能、尺寸更小、重量更輕。超導體沒有電阻，所以電能也不會轉換成熱能而耗損。強力磁場不必靠沉重又龐大的鐵芯來產生，裝置自然容易做得更加輕巧。基於以上理由，電力方面的超導體應用研究也是所有應用領域中最多的。但電力發展的歷史源遠流長，常導體依然潛力無窮。以現階段來說，若非應用於龐然大物上，超導體的實用性依然遠遠不及常導體。

當中最大的原因就在於「目前的超導體必須冷卻至零下二六九度C才能運作」。雖然我們可以用液態氦創造零下二六九度C的極低溫環境，但液態氦冷凍機的能量轉換效率僅有百分之〇．一～〇．五。儘管超導體本身節能，但維持超導態所需的液態氦冷凍機效率低成這樣，代表冷凍機耗能甚鉅，以整個系統來看也沒有節能到哪裡去。而且超導磁鐵需要搭配保冷容器和冷凍機一併使用，除非是真的很巨大的機械，否則輕巧化的效果也不彰。

假設高溫超導體的時代來臨，冷凍超導機械的技術負擔也會大大減輕。若只需要冷卻至液態氮溫度（約零下二〇〇度C），冷凍機的能量轉換效率就可以達到百分之十～二十，小容積機械的超導化就有可行性，因此最近電力相關的超導體研究又勃發了起來。而我也想搭個順風車，分享超導電機最近的研發情形。

用超導體儲存電力

儲電系統是最容易發揮超導體特性的地方。美國威斯康辛大學便致力於研究超導磁性儲能器，我們一般簡稱為ＳＭＥＳ（Superconductor Magnetics Energy Storage）。一九七〇年代，他們構思了一項每小時功率達十億瓦（GWh）的ＳＭＥＳ，用於調節尖峰與離峰時段的用電（削峰填谷）。這台ＳＭＥＳ規模很大，是以三塊直徑約三百公尺的超導磁鐵組成，和目前調節尖離峰用電上最具代表性的抽水蓄電裝置相比，ＳＭＥＳ的電能儲存效率明顯更為優越。然而如何支撐超導磁鐵產生的電磁力是個大問題，他們也有考慮利用地下岩盤來支撐。後來美國於一九八三年實際組裝了一套每小時功率約八千瓦的ＳＭＥＳ系統，並實驗運轉一年，確認其對於穩定電力系統能帶來莫大效益。

日本一九八六年也成立了超傳導能量貯藏研究會，針對每小時五十億瓦的電力調節用ＳＭＥＳ進行研究，比較固有金屬類超導體和新式高溫超導體兩者的應用效率。最後他們公布：使用臨界溫度約為零下一五〇度C的超導體有助於改善電力儲存效率，而若使用室溫超導體更可以大幅削減系統建設成本。

我國近來有關該研究的另一項動作，是準備開發每小時功率一百萬瓦特的SMES。科學家認為「超導線性馬達的電力就該由超導SMES供給」，所以打算用這座SMES來供應第15話中央新幹線的電力。我非常期待SMES今後的發展。

輸電、發電

接下來，輸電也是容易發揮超導體零電阻性質的領域。一九七〇年代，世界各國都在研發交流、直流電的超導輸電技術。然而碰到的問題和電力儲存技術一樣，以液態氦冷卻的成本實在太高，若非輸送極大電量根本無法發揮經濟效益，於是實際應用的研究便就此停擺。

然而高溫超導體出現後，①小電量情況下也能找到損益平衡點；②電力需求上升，都市地區需要提升送電量；③雖然現階段的高溫超導體不耐高磁場（以液態氮冷卻的情況下），但輸電過程頂多只會產生一千高斯的磁場，應用難度較低；因此眾科學家又開始熱烈討論應用的可能。有人試算過，若東京都心的地下輸電線全部換成超導電線，沿用原有管路的情況下，送電量可增加至兩倍。這麼看來，或許輸電線會是最早開始應用高溫超導體的東西。

再來我們談發電機。美國自一九六〇年代起率先研究大電量發電機的超導化，現已開發出功率五十百萬瓦的發電機，各國也競相開發功率達數百百萬瓦的機器。日本一九八七年也成立「超傳導發電關連機器、材料技術研究組合」，開始研發兩百百萬瓦的發電機。發電機超導化的問題也和前面幾項例子一樣，在使用液態氦冷卻的條件下，功率若小於一千百萬瓦就沒有經濟效益。不過一項報告指出，若是使用液態氮冷卻的高溫超導體，功率即使低於五百百萬瓦也具有經濟效益，一舉降低了實際應用的門檻。但假如要製造大電量發電機，必須擁有非常牢靠的技術水準支持，因此在實際應用之前還得先提升低溫技術與其他實用所需技術。我推測船舶和飛機這些特別追求輕巧化的特殊領域最有可能率先採用超導發電機。

最後則要談變壓器。變壓器是當今交流電社會不可或缺的裝置，舉凡變電所用的超大型變壓器、家電內的小變壓器，我們身邊充滿大大小小的變壓器。因此科學家研究超導發電機的同時也開始研發超導變壓器，不過一九六〇年代的超導電線只要一通交流電就會產生電阻，根本無法使用。後來發現就算用直流電，只要將超導電線芯的直徑縮小到數十微米的話就能穩定維持超導態，連帶發現直徑不到一微米的極細電線可以將交流電的電力耗損壓縮到非常低的程度。於是一九八〇年代，交流電用超導電線開始在市面上流通，八〇年代後半也開始有人嘗試製作變壓器。但還是那個老問題，超導變壓器只有在變電所等規模龐大的地方才有經濟效益。所以家用的小型超導變壓器，恐怕要等到室溫超導的時代才看得到了。

以上，超導體於電力技術的應用研究雖行之有年，然而發揮經濟效益的先決條件都是規模要夠大，因此目前還無法談實際應用。不過現代社會用電需求大增，加上高溫超導體的出現降低了損益平衡點實現的規模限制，超導電機的應用研究頗有快馬加鞭之勢。我想到了二十一世紀初，人類基本上已經能享受超導電力帶來的福祉了吧。

第19話　基礎科學領域

基礎科學的研究設備重視性能更勝於經濟效益，而能產生強力磁場的超導磁鐵對科學家來說相當可貴，用途也很廣泛。例如研究物體物理性質的NMR（核磁共振），或基本粒子的物理實驗。

先來談談物理性質研究。物理性質研究用到的磁鐵規模不大，因此二十多年前就已經正式生產販賣，許多大學和研究機關也早就開始運用。未來這個領域也將朝著高磁場化發展。

目前超導磁鐵最高可產生約二十萬高斯的磁場，若再搭配水冷銅線圈則可產生約三十萬高斯的固定磁場。銅線圈需要高達一萬千瓦的電力，才能在直徑三公分的空間內產生三十萬高斯的磁場，供電上相當吃力；若全部改用超導電磁鐵，超導電線所需的電力則會小到幾乎可以忽視的地步。以液態氦冷卻的情況下，其所需電力只要三百千瓦特，由此可見超導磁鐵節能的效果多麼出色。不過現階段還沒有足以承受三十萬高斯磁場的超導電線，我們也一再提及，接下來就要期待在高磁場狀態下仍保有傑出超導性質的高溫超導體了。

假如磁場繼續拉高到五十萬高斯甚至一百萬高斯，物質中的電子運動也會明顯受到影響。這給了我們無限的可能，比方說合成出具備嶄新性能的材料。不過現階段我們就算成功產生超高磁場，也頂多是像脈衝一樣轉瞬即逝，無法有效運用。但掌握了二十一世紀新材料研發關鍵的高溫超導體，就有可能穩定產生一百萬高斯左右高磁場，因此世人都很期待技術成熟的那天到來。

超大型質子同步加速器建設計畫正式啟動

接著我們聊聊基本粒子物理實驗，這也是一片夢想無限的世界。第17話最後提到 π 介子癌症治療技術時，我說原子核內有中子和質子（氫離子），而將兩種粒子黏在一起的則是π介子。今天我們得再更深入一點，談談構成中子和質子的幾種基本粒子。

其實宇宙的組成就像一顆洋蔥，太陽周遭有地球和其他行星環繞，地球是由原子、分子所構成，而原子也是原子核周遭環繞著電子的構造；原子核又是由質子和中子所構成，而質子和中子也是……就像這樣，各個尺度下都能看見相同的構造。科學界的前人就像猴子含淚剝洋蔥一樣，費盡千辛萬苦才終於解開這顆洋蔥的構造。然而我們依然尚未深入最核心的部分。

粒子物理學就是力求解開洋蔥中心奧秘的學問，而粒子物理學家目前最重要的課題是透過實驗找出構成質子和中子的基本粒子，為此必須破壞質子和中子。破壞質子和中子需要非比尋常的能量，現行方法是以一兆伏特的電壓加速質子並讓其相撞破壞。這種以高電壓加速質子的裝置，稱作質子同步加速器。

現在全球最大的質子同步加速器「Tevatron」（兆電子伏特加速器）擺在美國芝加哥的費米研究所（ＥＦＩ）。該裝置可將質子加速至最高〇・九兆伏特，裝置名稱開頭的

19.1 筑波高能物理學研究所全景，內有一座使用超導磁鐵打造的電子、正電子對撞型加速器「TRISTAN」（照片來源／高能物理學研究所）

T便是取自英文「兆」的T（Trillion）。這座環狀質子同步加速器的直徑約二公里、周長六・三公里，環中的質子繞行數圈後最高可加速至〇・九兆伏特。

然而質子束是電流，必須倚賴磁場才能沿著環狀軌道流動。所以根據弗萊明左手定則，我們要在質子束上下施加磁場來彎曲運行軌道，且這個磁場必須涵蓋全長六・三公里的軌道。至於所需的磁場強度則是四萬五千高斯，因此除了超導磁鐵外不作他想。簡單來說，若要讓質子加速到一兆伏特，必須打造一條長六・三公里的超導磁鐵隧道。

美國大膽挑戰這項有如天方夜譚的計畫，一九七二年開始研發超導磁鐵，一九八五年建造出質子同步加速器。他們用了七八〇座長約六公尺的超導磁鐵來彎曲質子束的軌道，二二〇座小型超導磁鐵來集中質子束，並將所有磁鐵連接成環狀。他們使用的超導電線當然是需要用液態氦冷卻的金屬類超導體，所以也同時開發了當時全球最大的氦氣液化機（每小時可液化五千公升）。以往的超導機器大多給人一種手工精品的感覺，不過Tevatron明顯就是工廠製品，意味著大量生產超導磁鐵技術與全系統冷卻控制技術已能規模化，全世界的人見狀也安心多了。

這項成果促使歐洲也採取了行動。一九八四年德國啟動HERA（Hadron-Electron Ring Accelerator）計畫，預計打造一台以超導磁鐵連接而成、周長約六・四公里的環狀加速器，運作時以加速至〇・八兆伏特的質子與加速至三五〇億伏特的電子對撞。該裝置於一九八九年完成，一九九〇年開始測試運作。就連蘇聯也正在開發三兆伏特的質子加速器，據傳將於一九九〇年代中期完成。

最後我要介紹美國的超導超大型質子同步加速器計畫，簡稱為SSC計畫。這項計畫預計將質子加速至二十兆伏特，是美國Tevatron和歐洲HERA的二十倍。同步加速器的直徑將加大至約二十四公里，周長達八十三公里且呈現微微橢圓狀。SSC的建設地點在德州，目前第一階段預算審核已經通過並開始動工。構造上一樣是以超導磁鐵銜接成環，也已經做好了樣品。該設備預計在進入下個世紀之前即可完成，期待基本粒子研究能因此翻開嶄新的一頁。

以上，基本粒子實驗的領域已經應用了非常大規模的超導體系統。相信這樣的技術未來也能應用於開發超導產業機器。

第20話　高溫超導體的現狀與未來

照我們至今聊過的超導體特徵和用途來看，若超導體能在室溫下使用，不難想像當今電力社會恐將掀起一波大革命。也因此早在數十年前開始，超導體科學家的夢想就是提升超導臨界溫度（超導相變溫度）。自一九一一年發現汞（零下二六九度C）的超導現象至一九七三年發現鈮化鍺（零下二五〇度C）超導體，平均下來超導體的臨界溫度一年大約會上升個〇．三度C。雖然腳步很慢，但確實逐步上升（圖4．4）。

然而之後進展卻戛然而止，室溫超導體的美夢似乎也隨之幻滅。第4話提到的超導基礎理論——BCS理論也是讓眾人失去希望的幫兇之一。根據BCS理論，我們大致可以說超導體中的〔自由電子數〕×〔自由電子與金屬晶格間的引力作用強度〕愈大，臨界溫度也愈高。然而以常識來說，自由電子與金屬晶格間的引力作用強，自由電子的活動也會受到更多限制，等於數量減少，所以上述算式的乘積再大也有個限度。這代表超導體的臨界溫度有上限，計算之後大約是零下二四〇度C。

有了如此強勁的火力掩護，加上科學家也確實一直沒發現臨界溫度高於二五〇度C的超導體，因此大多人都認為這差不多就是超導臨界溫度的上限了。甚至也有人宣稱超導現象終究只是偶然發生於宏觀世界的量子現象，不可能出現在高溫環境下。乍聽之下也不無道理。

時間就這麼來到一九八六年，瑞士科學家班道茲等人提出論文，表示發現鑭系陶瓷類超導體的臨界溫度為零下二三五度C，一舉打破了BCS理論提出的界限。然而其他科學家對此並沒有立刻產生興趣，因為此前已有太多人渴望發掘高臨界溫度的超導體，發表了一大票缺乏再現性的高溫超導體。然而這次情況不一樣，班道茲等人發表論文之後過了半年，世人才明白他們的數據是可以重現的。於是就如各位現在看到的，全球燃起了高溫超導體的研究熱潮。

緊接著一九八七年又觀測到陶瓷類的釔鋇銅氧化物在零下一八一度C即出現超導現象。這項劃時代的發現代表超導臨界溫度已經高於液態氮的沸點（零下一九六度C），而液態氮是目前科學上最方便、最常使用的低溫液體。於是人們開始認知到高溫超導體的存在，陸續積極投入研究。結果一九八八年又先後發現臨界溫度零下一六三度C的鉍系超導陶瓷、零下一四八度C的鉈系超導陶瓷。不過其後至今（一九九〇年八月）兩年來，臨界溫度並沒有再次的突破。

期間雖然時不時傳出有人發現室溫超導體的新聞，但都沒有再現性，所以也就不了了之。究竟室溫超導體是否存在於陶瓷類物質之中，還是其他領域的物質，例如構成人類神經系統的有機物質？實際上真的有不少人猜測人體神經傳導系統是一種室溫超導現象，因而投入有機超導體的研究。然而這方面的真相如何，恐怕只有老天才知道了。

臨界電流、臨界磁場有沒有可能擴增

接下來談談電流。超導體的通電量若超過一個界限就會變回常導態，電流也會消失。

我們稱這個界限電流值為臨界電流。高溫超導體的臨界電流至少得和傳統金屬類超導體並駕齊驅（無施加磁場的狀態下約每平方毫米一萬安培）才有實用的價值。一九八七年年中，科學家正式開始研究如何提高釔鋇銅氧超導體的臨界電流。他們將實驗材料做成容易控制結晶構造的薄膜（濺鍍膜），一九八八年初成功流通最高一萬安培的電流（液態氮冷卻、無外加磁場），證明釔鋇銅氧超導的基本性質上足以承受實際使用所需的電流量。

再來的問題是磁場。從我們前面舉過的許多例子就知道，超導體的應用大多都和強磁場脫不了關係，所以就算電流在超導體內暢行無阻，如果一碰到外加強力磁場就跑不動，那麼利用價值就會瞬間折半。而高溫超導體至今還沒克服這個問題。

我們可以思考一下，為什麼施加磁場與否會影響超導電線的電流量？

像銅線無論有沒有外加磁場，電流量都是固定的，那為什麼超導電線卻不是這樣呢？其實理由就如我們第4話說過的，因為無論是鈮鈦合金等金屬類超導體，還是這邊討論的陶瓷類高溫超導體，都屬於第二類超導體。當我們對第二類超導體施加磁場時，超導體內許多細絲狀的常導態部分就會有磁通。若在這種情況下通電，根據弗萊明左手定則，貫通超導體內部的磁通會受到電磁力作用，穿出超導電線。這個過程中磁通會和金屬原子碰撞生熱。雖然超導體沒有電阻，電子流動的過程不會生熱，但磁通的流動可沒有超導現象。磁通造成的熱會造成超導體升溫，而超導體一旦超過臨界溫度便會脫離超導態，也就無法通電了。

現階段來說，高溫超導體這項位於外加磁場中出現的性質是個缺點。即便做成最理想的薄膜狀，僅以液態氮冷卻的情況下，一旦施加數萬高斯的磁場，電流量甚至還不及現行的金屬類超導電線。金屬類超導電線在二十年前左右也面臨相同的問題，但科學家花不到十年就開發出阻擋磁通流動的方法，成就今天金屬超導電線的優秀性能。雖然我期待能用相同的方法解決高溫超導體的問題，但在液態氮的「高溫」環境下，要阻止磁通的流動恐怕不太可能，所以目前還看不到可行的解決辦法。

難以加工成線材

高溫超導體最後一個待解決的問題就是如何做成線材。尤其陶瓷類材料質脆易碎，要怎麼加工成柔軟的導線？即使高溫超導體的基本性質再突出，若無法加工成導線，魅力也會大打折扣。於是一九八七年、八八年先後有科學家開始研究如何將釔鋇銅氧、鉍系超導體製成線材，但進展不太順遂。好不容易做成了電線，這次卻又碰上做成薄膜時已經解決過的電流密度低落問題。就連近年來進展最大的鉍系超導電線，一九九〇年初時測量到的電流密度每平方毫米也只有兩百安培（液態氮冷卻、無外加磁場），比薄膜狀時少了一百倍。

另外一個更大的難處，是高溫超導體加工成電線後會變得很不耐磁場，一～二萬高斯左右的外加磁場就有可能讓電線上的電流密度變得和銅線差不多（每平方毫米約五安培）。不過唯一的好消息是，近年來高溫超導電線的技術發展迅速，乘載電流密度光這一年來就增加了十倍，今後也有繼續增加的趨勢。因此未來極有可能開發出在液態氮溫度下電流密度也很充足的超導電線。

在極低溫環境下使用高溫超導體

基於現況，也有一種想法是在比液態氮還低溫的狀態下使用高溫超導線材，例如液態氦或液態氫。有人發現極低溫環境下，超導體內的磁通流動也會停擺。而就目前（一九九〇年八月）驗證的結果來說，實驗用的超導電線即使在三十萬高斯的磁場中仍能檢測出每平方毫米兩千安培左右的電流量。這是一項大發現。現在性能最好的金屬類超導電線在二十萬高斯的環境下，每平方毫米的電流也只有一百安培（液態氦冷卻）。到了三十萬高斯，電流密度更是形同掛零。

有人打算運用高溫超導電線在低溫下展現的性質，開發可生成三十～四十萬高斯磁場的磁場產生器。以往的超導體根本不可能產生這麼高的磁場，所以都是用銅線圈來作為磁場產生器。可是銅線圈有電阻，需要龐大電力才能產生高磁場。如果能用高溫超導電線取代銅線圈，既可以省下不少能源，機器也可以做得更輕巧簡便。

高溫超導體的應用與夢想

最後我想談談高溫超導體應用的現狀與未來的夢想。目前在產品化方面領先四方的是磁屏障裝置。該裝置是利用液態氮進行冷卻，主要用於 SQUID 生物磁檢測儀；甚至也已經有廠商對外公開產品化計畫。SQUID 對磁場的感應極度靈敏，因此需要磁屏障來隔絕地球磁場之類的電磁干擾。

生物磁檢測儀開發出來後，相信高溫超導 SQUID 離產品化的那天也不遠了。估算最晚平成五（一九九三）年左右，市面上就能買到高溫超導電線了。

各個領域的開發研究也受到以上影響而蓬勃發展。比如說以液態氮冷卻、磁場較低的地底輸電、MRI，還有以液態氦冷卻的三十萬高斯等級強磁場產生器，以及延伸出來的電磁推進船等部分技術也可能於本世紀末進入實際運用的階段。

也許進入二十一世紀之後，科學家會發現室溫超導體，世界上會出現超導高速公路、超導家電、超導玩具，我們的生活將突然被超導體應用機器給淹沒。等到超導體發現一百週年的二〇一一年，超導體究竟會發展到什麼地步呢？這夢可真是怎麼做也做不完呢。

相關圖書介紹

法拉第著／白井俊明譯　《蠟燭的化學史》　法政大學出版局　一九六八年
Harry Sootin著／小出昭一郎、田村保子譯　《ファラデーの生涯》　東京圖書　一九七六年
西德工業會教育課編、低溫工學協會關西支部譯　《低温工学ハンドブック》　田老鶴圃新社　一九八二年
大塚泰一郎著　《超伝導の世界》　講談社BLUE BACKS　一九八七年
京谷好泰、荻原宏康等人編著　《超電導応用技術　実際と将来》　ＣＭＣ社　一九八八年
山村、山本、菅原、塚本著　《超電導工学（改訂新版）》　電氣學會大學講座　Ohm社　一九八八年
岩田章、佐治吉郎著　《超伝導による電磁推進の科学》　朝倉書店　一九九一年二月

索引

PROFILE

岩田章
Iwata Akira

1942年出生於奈良市，大阪市立大學研究所修畢後曾在神戶大學、川崎重工業㈱、東京理科大學及㈶新產業創造研究機構工作，2012年退休。

在職期間參與LNG船、液態氫火箭發射設備、核融合實驗設備、自由電子雷射裝置及超導電磁推進船的開發。

工學博士。

TITLE

應用超導體

STAFF

出版	瑞昇文化事業股份有限公司
作者	岩田章
譯者	沈俊傑
總編輯	郭湘齡
責任編輯	張聿雯
文字編輯	蕭妤秦
美術編輯	許菩真
封面設計	許菩真
排版	洪伊珊
製版	明宏彩色照相製版有限公司
印刷	桂林彩色印刷股份有限公司
	紘億彩色印刷有限公司
法律顧問	立勤國際法律事務所　黃沛聲律師
戶名	瑞昇文化事業股份有限公司
劃撥帳號	19598343
地址	新北市中和區景平路464巷2弄1-4號
電話	(02)2945-3191
傳真	(02)2945-3190
網址	www.rising-books.com.tw
Mail	deepblue@rising-books.com.tw
初版日期	2022年1月
定價	350元

國家圖書館出版品預行編目資料

應用超導體/岩田章作；沈俊傑譯. -- 初版. -- 新北市：瑞昇文化事業股份有限公司, 2022.01
224面；14.8X21公分
譯自：応用超伝導：電磁推進船から超伝導自動車まで
ISBN 978-986-401-531-3(平裝)
1.超導體

337.473　　110020210